CHOUSHUI XUNENG DIANZHAN TONGYONG SHEJI

抽水蓄能电站通用设计

上下水库区域地表工程分册

国网新源控股有限公司　组编

为进一步提升抽水蓄能电站标准化建设水平，深入总结工程建设管理经验，提高工程建设质量和管理效益，国网新源控股有限公司组织有关研究机构、设计单位和专家，在充分调研、精心设计、反复论证的基础上，编制完成了《抽水蓄能电站通用设计》系列丛书，本丛书共5个分册。

本书为《上下水库区域地表工程分册》，主要内容有7章，分别为概述，库（坝）顶构件通用设计，边坡工程通用设计，廊道断面通用设计，观光平台通用设计，上下水库区域入口门卫房及停车场、监测房通用设计，大坝下游坡脚、渣场坡脚防护设计等内容。附录为上下水库区域地表工程图。

本丛书适合抽水蓄能电站设计、建设、运维等有关技术人员阅读使用，其他相关人员可供参考。

图书在版编目（CIP）数据

抽水蓄能电站通用设计．上下水库区域地表工程分册／国网新源控股有限公司组编．—北京：中国电力出版社，2020.7

ISBN 978-7-5198-4183-6

Ⅰ．①抽…　Ⅱ．①国…　Ⅲ．①抽水蓄能水电站－工程设计　Ⅳ．①TV743

中国版本图书馆CIP数据核字（2020）第019085号

出版发行：中国电力出版社
地　　址：北京市东城区北京站西街19号
邮政编码：100005
网　　址：http://www.cepp.sgcc.com.cn
责任编辑：孙建英（010-63412369）
责任校对：黄　蓓　朱丽芳
装帧设计：赵姗姗
责任印制：吴　迪

印　　刷：三河市航远印刷有限公司
版　　次：2020年7月第一版
印　　次：2020年7月北京第一次印刷
开　　本：787毫米×1092毫米　横16开本
印　　张：6.75
字　　数：178千字
印　　数：0001—1000册
定　　价：96.00元

编　委　会

前　　言

抽水蓄能电站运行灵活、反应快速，是电力系统中具有调峰、填谷、调频、调相、备用和黑启动等多种功能的特殊电源，是目前最具经济性的大规模储能设施。随着我国经济社会的发展，电力系统规模不断扩大，用电负荷和峰谷差持续加大，电力用户对供电质量要求不断提高，随机性、间歇性新能源大规模开发，对抽水蓄能电站发展提出了更高要求。2014年国家发展改革委下发“关于促进抽水蓄能电站健康有序发展有关问题的意见”，确定“到2025年，全国抽水蓄能电站总装机容量达到约1亿kW，占全国电力总装机的比重达到4%左右”的发展目标。

抽水蓄能电站建设规模持续扩大，大力研究和推广抽水蓄能电站标准化设计，是适应抽水蓄能电站快速发展的客观需要。国网新源控股有限公司作为全球最大的调峰调频专业运营公司，承担着保障电网安全、稳定、经济、清洁运行的基本使命，经过多年的工程建设实践，积累了丰富的抽水蓄能电站建设管理经验。为进一步提升抽水蓄能电站标准化建设水平，深入总结工程建设管理经验，提高工程建设质量和管理效益，国网新源控股有限公司组织有关研究机构、设计单位和专家，在充分调研、精心设计、反复论证的基础上，编制完成了《抽水蓄能电站通用设计》系列丛书，包括上下水库区域地表工程、地下洞室群通风系统、物防和技防设施配置、装饰设计、装饰材料五个分册。

本通用设计坚持“安全可靠、技术先进、保护环境、投资合理、标准统一、运行高效”的设计原则，追求统一性与可靠性、先进性、经济性、适应性和灵活性的协调统一。该书凝聚了抽水蓄能行业诸多专家和广大工程技术人员的心血和智慧，是公司推行抽水蓄能电站标准化建设的又一重要成果。希望本书的出版和应用，能有力促进和提升我国抽水蓄能电站建设发展，为保障电力供应、服务经济社会发展做出积极的贡献。

由于编者水平有限，不妥之处在所难免，敬请读者批评指正。

编者

2019年12月

目　录

第1章　概　　述

抽水蓄能电站通用设计标准化是国家电网有限公司标准化建设成果的重要组成部分之一，是国网新源控股有限公司（简称国网新源公司）适应抽水蓄能电站跨区域化发展的需求、满足电站建设开发与生态环境保护、促进抽水蓄能电站和谐建设、迅速提升抽水蓄能电站形象面貌的新举措。全面推进通用设计标准化工作将进一步强化国网新源控股有限公司抽水蓄能电站工程设计管理，改进抽水蓄能电站设计理念、方法，提高工程设计质量。

本分册是对各分项通用设计内容的一般性概括和介绍，具体各分项通用设计布置和细部结构详见本分册附录。

1.1　主要内容

上下水库区域地表工程通用设计，具体内容分类如下：

（1）库（坝）顶构件通用设计。

主要包括：库（坝）顶电缆沟断面设计、地表工程排水沟（截水沟）断面设计、库（坝）区栏杆设计、防浪墙爬梯设计等。

（2）边坡工程通用设计。

主要包括：地表工程边坡表面排水设计、地表工程边坡支护及绿化设计、绿化槽设计。

（3）廊道断面通用设计。

主要包括：灌浆廊道断面设计、库底排水检查廊道断面设计。

（4）上水库观光平台通用设计。

（5）上下水库区域入口门卫房及停车场设计、地表监测房设计。

（6）大坝下游坡脚防护设计、渣场坡脚防护设计。

1.2　指导思想

采用三维设计手段，遵循国家电网有限公司通用设计的原则：安全可靠、环保节约；技术先进、标准统一；提高效率、合理造价；努力做到可靠性、统一性、适应性、经济性、先进性和灵活性的协调统一，同时遵循国网新源控股有限公司企业标准和要求开展设计工作。

1.3　编制过程及时间节点

2016年3月，国网新源控股有限公司对抽水蓄能电站工程通用设计进行招标，中国电建集团北京勘测设计研究院有限公司中标上下水库区域地表工程分册的设计工作。

2016年4～10月，完成初步设计框架，明确调研范围及收资明细。

2016年10月31日，提交上/下水库区域地表工程分册中间成果。

2016年11月24日，国网新源控股有限公司组织专家对上/下水库区域地表工程分册（中间成果）进行评审，并提出评审意见。

2016年12月，北京院根据中间成果评审意见，修改通用设计成果并提交至新源公司。

2017年12月，国网新源控股有限公司组织专家对上下水库区域地表工程分册成果进行评审。

1.4　总体设计要求

1.4.1　设计原则

（1）功能优先原则。

以满足生产、生活功能为前提，并兼顾实用性。

（2）经济实用原则。

选择相应地区常规材料及施工工艺。

（3）通用性原则。

通过模式化设计，提高可操作性。

（4）视觉识别系统导入原则。

合理应用，进一步提升企业形象对外传播的一致性与一贯性。

1.4.2　设计思路

（1）通过调研收集典型抽水蓄能电站上下水库区域地表工程设计资料，并收集电站运行单位的意见和建议，提出上下水库区域地表工程设计需求。

（2）整理调研成果，并结合相关设计标准和规范，总结在建和已建项目上下水库区域地表工程设计思路及设计原则。

（3）对上下水库区域地表工程构筑物（构件）的功能要求、适用条件、使用要求等进行分析归纳，对构筑物（构件）的类型、型式、规格进行标准化。

（4）通过设计计算及工程类比，提出上下水库区域地表工程通用设计成果初稿。

（5）通过专家讨论与评审会方式，对成果进行优化和修改，并提出最终成果。

第2章　库（坝）顶构件通用设计

2.1　设计依据

GB 4053.2—2009　固定式钢梯及平台安全要求

GB 50009—2012　建筑结构荷载规范

GB 50010—2010　混凝土结构设计规范

GB 50017—2017　钢结构设计标准

GB 50168—2018　电气装置安装工程　电缆线路施工及验收标准

GB 50205—2001　钢结构工程施工质量验收规范

GB 50217—2018　电力工程电缆设计标准

GB 50352—2019　民用建筑设计统一标准

DL/T 5057—2009　水工混凝土结构设计规范

DL 5077—1997　水工建筑物荷载设计规范

DL/T 5353—2006　水电水利工程边坡设计规范

JTG/T D33—2012　公路排水设计规范

GJBT-573　钢梯图集

GJBT-584　地沟及盖板图集

GJBT-945　楼梯、栏杆、栏板图集

Q/GDW 46　国网新源控股有限公司企业标准

《水力计算手册》（武汉大学水利水电学院水力学流体力学教研室，2006版）

《工程流体力学》（中国水利水电出版社）

《国网新源控股有限公司抽水蓄能电站工程通用设计从书　工艺设计分册》（第7章沟道及盖板工艺设计）

《抽水蓄能电站工程边坡地质隐患与排水系统设计相关问题研讨会》会议纪要（2016年7月21日）

2.2　设计范围

库（坝）顶构件通用设计范围主要包括：

（1）库（坝）顶电缆沟断面设计。

（2）地表工程排水沟（截水沟）断面设计。

（3）库（坝）区栏杆设计：库区及坝顶栏杆、观光平台栏杆。

（4）防浪墙爬梯设计。

2.3　库（坝）顶电缆沟断面设计

库坝顶电缆沟包括库区电缆沟及坝顶公路电缆沟，统一采用钢筋混凝土结构，电缆沟盖板设计参照《抽水蓄能电站工程工艺设计图册》（第一部分沟道及盖板工艺设计）。

库坝顶电缆沟可分为独立型电缆沟和非独立型电缆沟两种，两种类型电缆沟三维模型见图2-1和图2-2。独立型电缆沟适用于土石坝坝顶、土质和岩质库顶，非独立型电缆沟适用于大体积混凝土结构中，如重力坝坝顶部位和与防浪墙结合的坝顶电缆沟等部位。

结合《抽水蓄能电站工程工艺设计图册》（第一部分沟道及盖板工艺设计），并考虑到现场施工方便和减少电缆沟盖板渗水，电缆沟断面统一采用平顶式台口。有交通要求时，台口低于周边地面，盖板顶面与周边地面齐平；无交通要求时，台口顶面高出周边地面10cm。电缆沟底靠支架侧统一设宽

10cm，高 5cm 排水沟，并设 2.0%横坡排水；沟底设 0.5%纵坡排水，并设 ϕ75mmPVC 排水管。

图 2-1　独立型电缆沟三维模型

电缆沟断面尺寸需满足动力、控制、信号和照明线路等电缆的敷设要求，同时满足电缆分层原则要求。电缆沟深度可根据敷设电缆种类、分层数量确定，电缆沟宽度可根据电缆支架长度和敷设电缆预留宽度确定。

电缆沟净宽等于电缆沟支架长度加敷设电缆预留宽度。电缆沟支架长度可根据设计需要进行定型生产，参考 GJBT—584《地沟及盖板图集》，电缆支架长度可取 20cm 和 40cm 两种。参考已建抽蓄工程及 GJBT—584《地沟及盖板图集》，敷设电缆预留通道宽度可按 40cm 设计，因此本次通用设计给定电缆沟净宽模数为 60cm 和 80cm。

根据 GB 50217—2018《电力工程电缆设计标准》规定，电缆沟支架的层间距离 d 的最小值，可按表 2-1 取值。

图 2-2　非独立型电缆沟三维模型

表 2-1　　电缆支架层间距离的最小值　　mm

电缆电压级和类型、敷设特性		普通支架
控制电缆明敷		120
电力电缆明敷	6kV 以下	150
	6～10kV 交联聚乙烯	200
	35kV 单芯	250
	35kV 三芯	300
	110～220kV，每层 1 根以上	
	330kV，500kV	350

参考已建抽蓄工程，库坝区电缆电压一般不超过 35kV，本次通用设计按电缆支架层间距离 25cm 设计。

根据 GB 50168—2018《电气装置安装工程　电缆线路施工及验收标准》第 4.2.3 规定，支架最上层及最下层至电缆沟最小距离见表 2-2。

表 2-2　电缆支架最上层及最下层至沟顶、楼板或沟底、地面的距离　mm

敷设方式	电缆沟
最上层至沟顶或楼板	150～200
最下层至沟底或地面	50～100

本次通用设计按最上层支架距离电缆沟盖板底部距离为 20cm 设计，最下层支架距离电缆沟底部距离按 10cm 设计。

若敷设电缆层数为 n，每层支架净间距 d 为 25cm，则电缆沟净高度为 $25(n-1)+30$cm，参考已建抽蓄工程，库坝区敷设电缆层数一般为 2 层、3 层、4 层，则电缆沟净深模数为 55cm、80cm、105cm。

根据 GB 50168—2018《电气装置安装工程电缆线路施工及验收规范》第 5.4.1 规定，电力电缆和控制电缆不宜配置在同一层支架上；高低压电力电缆、强电、弱电控制电缆应按顺序分层配置。

根据 GB 50217—2018《电力工程电缆设计规范》第 5.1.3 规定，同一通道内电缆数量较多时，若在同一侧的多层支架上敷设，应符合下列规定：

（1）应按电压等级由高至低的电力电缆、强电至弱电的控制和信号电缆、通信电缆“由上而下”的顺序排列。当水平通道中含有 35kV 以上高压电缆，或为满足引入柜盘的电缆符合允许弯曲半径要求时，宜按“由下而上”的顺序排列。在同一工程中或电缆通道延伸于不同工程的情况，均应按相同的上下排列顺序配置。

（2）支架层数受通道空间限制时，35kV 及以下的相邻电压级电力电缆，可排列于同一层支架上，1kV 及以下电力电缆也可与强电控制和信号电缆配置在同一层支架上。

（3）同一重要回路的工作与备用电缆实行耐火分隔时，应配置在不同层的支架上。

根据 GB 50217—2018《电力工程电缆设计规范》第 5.1.4 规定，同一层支架上电缆排列的配置，宜符合下列规定：

（1）控制和信号电缆可紧靠或多层叠置。

（2）除交流系统用单芯电力电缆的同一回路可采取品字形（三叶形）配置外，对重要的同一回路多根电力电缆，不宜叠置。

（3）除交流系统用单芯电缆情况外，电力电缆相互间宜有电缆外径的空隙。

2.4　地表工程排水沟（截水沟）断面设计

排水沟断面设计包含库顶排水沟，渣场、开挖边坡等部位马道排水沟，与绿化槽结合排水沟，坡顶截水沟等。排水沟三维模型见图 2-3，排水沟断面图见图 2-4 和图 2-5。对有特殊要求的排水沟应进行单独设计。

图 2-3　排水沟三维模型

根据 JTG/T D33—2012《公路排水设计规范》第 4.5.11 要求，排水沟横断面尺寸应根据设计流量、沟底纵坡、沟壁材料等确定。设计流量大小按照以下公式进行计算：

$$Q = 16.67\Psi q_{p,t}F \quad (2\text{-}1)$$

式中：Q——设计径流量，m^3/s；

$q_{p,t}$——设计重现期和降雨历时内的平均降雨强度，mm/min；

Ψ——径流系数；

F——汇水面积，km^2。

根据JTG/T D33—2012《公路排水设计规范》第9.1.2规定，设计降雨的重现期应根据公路等级和排水类型，按表2-3确定。

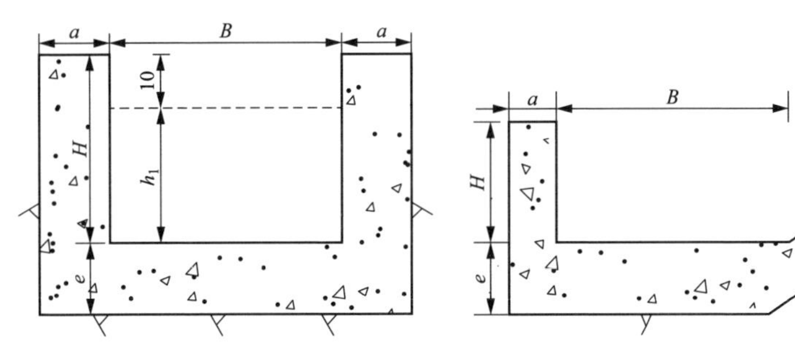

图2-4 排水沟断面图1（单位：cm）

图2-5 排水沟断面图2

表2-3 设计降雨的重现期

公路等级	路面和路肩表面排水	路界内坡面排水	公路等级	路面和路肩表面排水	路界内坡面排水
高速公路和一级公路	15	15	二级及二级以下公路	3	10

但是，JTG/T D33—2012《公路排水设计规范》对于抽水蓄能电站场地内排水沟的降雨重现期没有规定。

根据国网新源公司于2016年7月21日召开的《抽水蓄能电站工程边坡地质隐患与排水系统设计相关问题研讨会》会议纪要要求：

（1）有良好排出条件的场内道路路边排水沟，非主要建筑物、设备和设施等部位周边排水设施的排水流量设计标准应不小于15年一遇降雨强度。

（2）主要建筑物、设备和设施等部位的周边排水设施，边坡坡面排水沟和坡顶截水沟等破坏后会对所防护对象产生较大影响的，排水设施的排水流量设计标准应不小于50年一遇降雨强度。

（3）场内排水设施应采用钢筋混凝土结构型式。

根据以上规定和要求，本次通用设计库顶排水沟，渣场、坝坡、开挖边坡等部位马道排水沟，坡顶截水沟均采用矩形断面、钢筋混凝土结构，排水流量设计标准根据场地实际情况，按照不小于15年或者不小于50年一遇降雨强度确定。

参考已建工程，场地内汇水面积不大时，排水沟宽度可为30cm，若汇水面积较大，排水沟宽度可增加为60cm；对于有交通要求的排水沟，需设置有承载能力的预制混凝土盖板，荷载等级按公路—级荷载标准值考虑，盖板与同跨度的电缆沟盖板相同；对于有外观要求的排水沟，需设置预制混凝土篦子盖板，设计荷载采用$5kN/m^2$，其他排水沟可不设盖板。排水沟台口统一设为平台口，盖板顶部与周边地面同高。

参考在建及已建工程，库顶排水沟、马道排水沟坡度一般为0.5%～6.0%，坡顶截水沟坡度一般为10%～30%。

参考在建及已建工程，拟订排水沟宽度模数为30cm、40cm、50cm、60cm，在过水水深基础上，预留10cm裕度作为排水沟高度。当排水沟净宽小于50cm时，边墙厚度为15cm；当排水沟净宽大于等于50cm时，边墙厚度为20cm。排水沟底板厚度设为30cm。

在拟订排水沟宽度模数基础上，根据排水沟过水水深和坡度不同，反推设计过流能力，设计成果供参照选用，设计流量计算公式参照《水力计算手册》（武汉大学水利水电学院水力学流体力学教研室，2006版）明渠均匀流流量计算公式：

断面面积：$A=B\times h_1$

渠道湿周：$X=B+2h_1$

水力半径：$R=A/X$

谢才系数：$C=1/n\times R^{1/6}$（曼宁公式）

设计流量：$Q=A\times C\times(R\times i)^{0.5}$

其中：B为沟宽；h_1为过水水深；n为糙率系数，取0.014；i为排水沟底坡度。

2.5 库（坝）区栏杆设计

库（坝）区栏杆设计包括库区及坝顶栏杆、观光平台栏杆。参考在建及已建工程，西龙池上下水库库区及坝顶采用石材栏杆，呼和浩特抽水蓄能电站上水库库区及坝顶、下水库坝顶采用不锈钢栏杆。西龙池上水库观光平台采用石材栏杆和木材栏杆、喷漆铸铁栏杆，丰宁上水库观光平台采用不锈钢栏杆。黑麋峰上下库坝顶采用钢筋混凝土铸铁钢管栏杆，观光平台采用铸铁钢管栏杆和石材栏杆。宜兴上水库临库侧采用石材栏杆，坝顶下游侧采用不锈钢栏杆，观光平台采用石材栏杆。

通过调研发现，各工程栏杆按材质可分为石材栏杆、不锈钢栏杆、木材栏杆、钢筋混凝土加铸铁钢管护栏、铸铁钢管栏杆等。各工程栏杆造型差异较大。石材栏杆造价高、易损坏且不易修复，例如西龙池上下水库环库石材栏杆部分部位破损严重，有掉入库盆内情况发生。木材栏杆受室外天气影响较大，易腐坏，耐久性较差。经综合比较，并考虑减少现场焊接工作量，库（坝）顶及观光平台推荐采用装配式不锈钢或漆面防腐钢管栏杆。栏杆三维模型见图 2-6～图 2-8。栏杆设计在满足安全要求的前提下，考虑美观和经济实用原则，设计成果供参照选用。

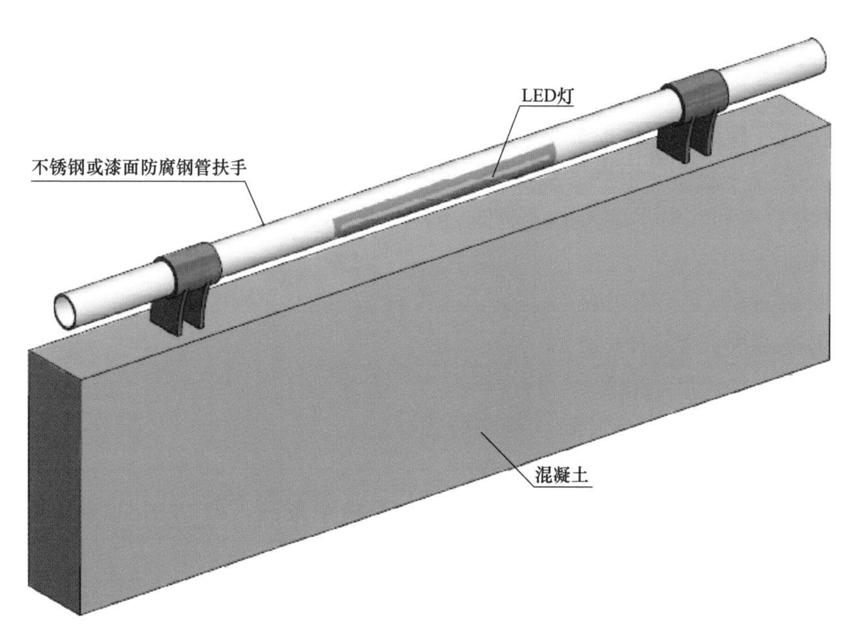

图 2-6　A 型栏杆三维模型

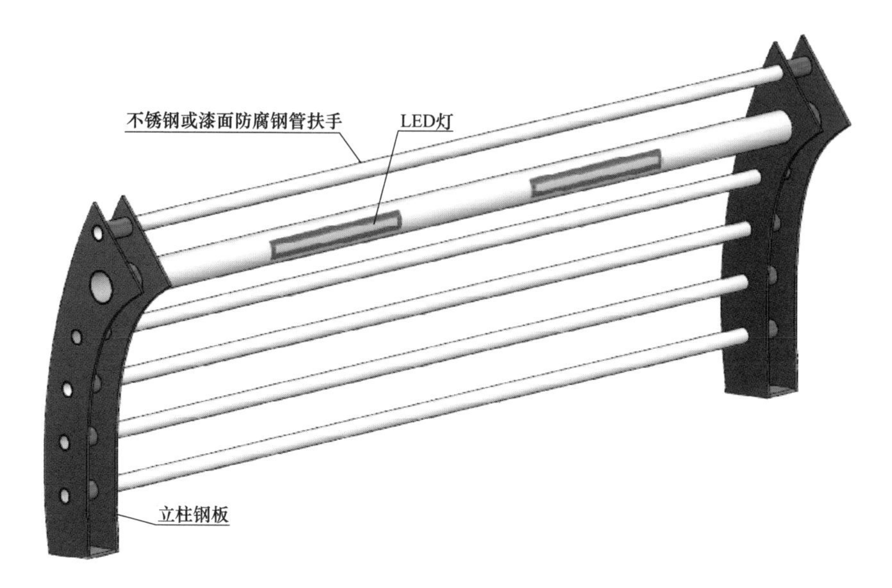

图 2-7　B1 型栏杆三维模型

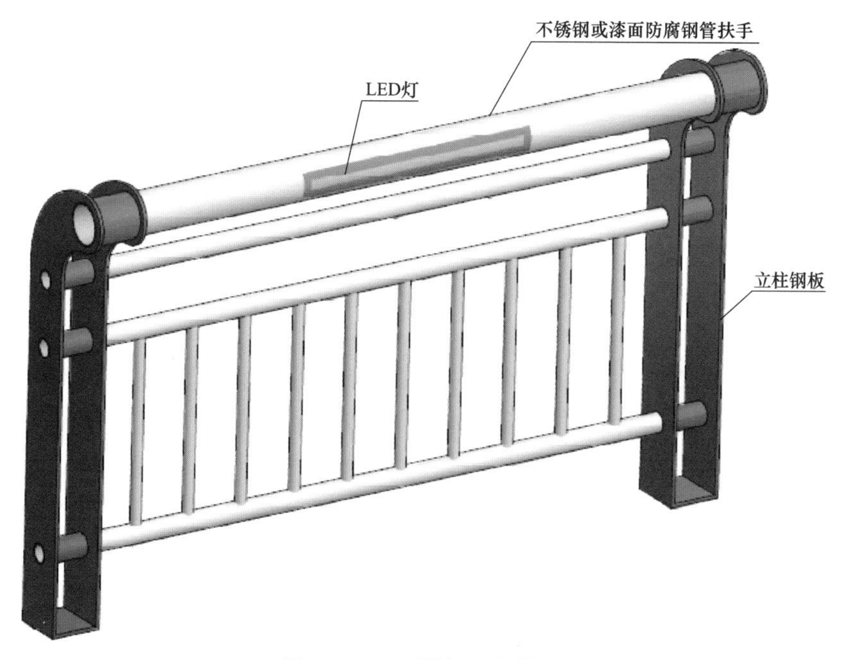

图 2-8　B2 型栏杆三维模型

2.6 防浪墙爬梯设计

为了满足检修需要，坝顶防浪墙需布置爬梯。参考已建工程，宜兴上水库和西龙池下水库防浪墙设置钢爬梯。参照调研成果，本次通用设计防浪墙爬梯结构型式，采用钢结构。

第3章 边坡工程通用设计

3.1 设计依据

GB 50086—2015 岩土锚杆与喷射混凝土支护工程技术规范

GB 50330—2013 建筑边坡工程技术规范

DL/T 5353—2006 水电水利工程边坡设计规范

DL/T 5395—2007 碾压式土石坝设计规范

JTG/T D33—2012 公路排水设计规范

Q/GDW 46 国网新源控股有限公司企业标准

3.2 设计范围

边坡工程通用设计主要包括：

（1）地表工程边坡表面排水设计。

（2）边坡支护及绿化设计。

（3）绿化槽设计：主要包含大坝下游坝坡马道、坝顶、开挖边坡马道绿化槽设计。

3.3 地表工程边坡表面排水设计

地表工程边坡表面排水设计适用于抽水蓄能电站工程区各类边坡坡顶截水沟、坡脚及马道排水沟等地表排水设计，具体设计内容包括：坡顶截水沟布置及断面设计、坡脚和马道排水沟断面设计。根据《抽水蓄能电站工程边坡地质隐患与排水系统设计相关问题研讨会》会议纪要，土质边坡应设置排水沟和截水沟，岩质边坡是否设置马道排水沟和坡顶截水沟，由设计单位根据坡面防护，地形、地质和水文地质条件综合考虑确定。截、排水沟布置宜将地表水引至附近冲沟、边沟或河流中，避免对边坡形成冲刷。坡顶截水沟宜设在挖方边坡坡口或潜在塌滑区后缘5m。边坡表面排水布置图见图3-1，边坡表面排水剖面图见图3-2，坡顶截水沟大样图见图3-3，马道排水沟大样图见图3-4。

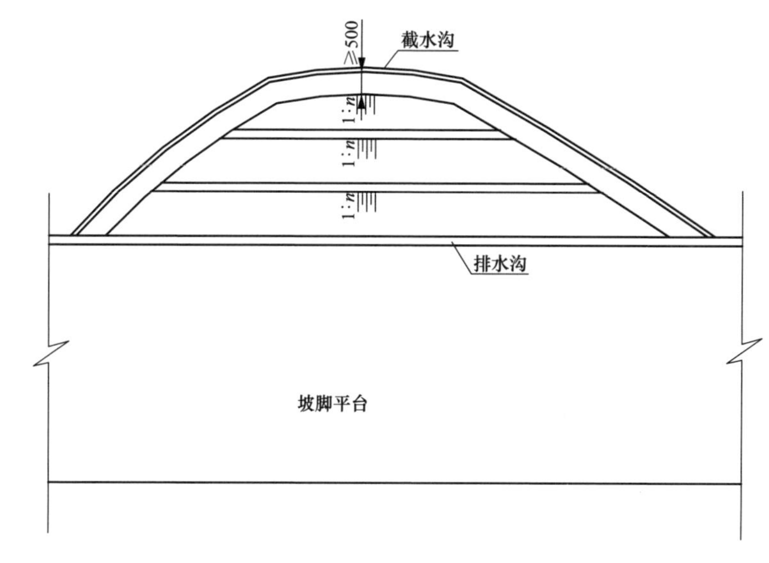

图3-1 边坡表面排水示意图（单位：cm）

参考在建及已建工程，截水沟和排水沟采用矩形或者梯形断面，钢筋混凝土结构。根据DL/T 5353—2006《水电水利工程边坡设计规范》第10.1.3规定，地表截、排水沟的排水流量设计标准，应根据边坡的重要性，工程区降雨特点、集水面积大小、地表水下渗对边坡稳定影响程度等因素综合分析确定。截水沟和排水沟断面尺寸设计参照“2.4 地表工程排水沟（截水沟）断面设计”部分。

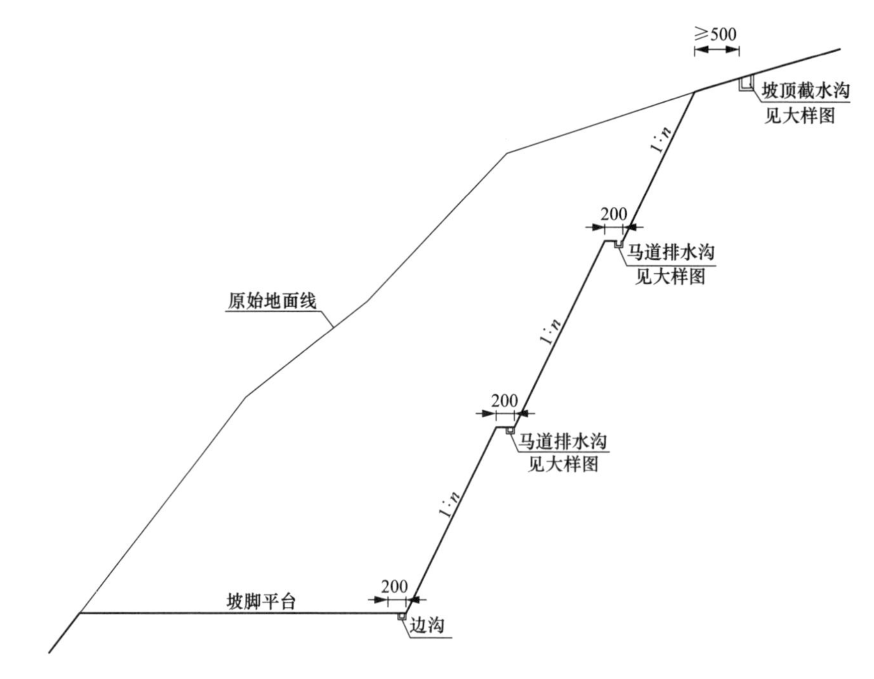

图 3-2　边坡表面排水剖面图（单位：cm）

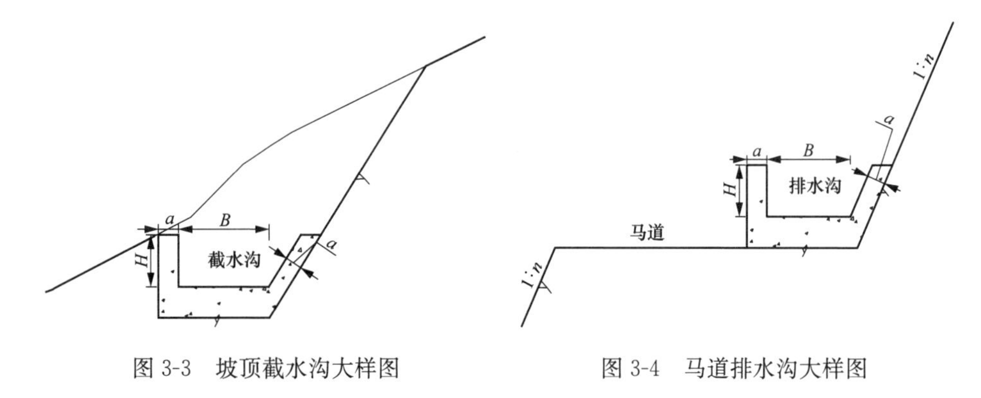

图 3-3　坡顶截水沟大样图　　　　图 3-4　马道排水沟大样图

3.4　边坡支护及绿化设计

地表工程边坡支护及绿化设计是对工程建设中出现的大量裸露边坡现象，在进行支护的同时，考虑支护后的绿化处理，从而达到防止边坡破坏、水土流失、美化环境的目的。地表工程边坡支护及绿化设计适用抽水蓄能电站工程区边坡自身稳定的各类地表开挖边坡的护坡防护及绿化设计。护坡绿化形式的选择要综合考虑当地气候、水文地质、工程地质、边坡高度、环境条件、施工条件、材料来源以及工期等综合因素，设计应和电站周围环境景观相协调。

通过工程经验及调研成果，边坡支护设计主要包括喷射混凝土护坡、挂网喷射混凝土护坡、锚杆挂网喷射混凝土护坡等。

通过调研发现，拱形骨架植草绿化设计和 TBS 植被护坡绿化设计方案实施后，边坡绿化效果显著。本次边坡绿化设计根据调研结果，初拟了以下几种方案及各方案适用条件，详见表 3-1。拱形骨架坡面布置图见图 3-5，方格形骨架坡面布置图见图 3-6，TBS 植被护坡剖面示意图见图 3-7，三维植被网护坡横断面图见图 3-8，植草护坡横断面图见图 3-9，下爬上挂护坡横断面图见图 3-10。

表 3-1　　　　各类边坡支护及绿化方案适用表

序号	护坡绿化类型		适用坡比	适用支护型式	土（石）质
1	三维植被网护坡绿化设计		缓于 1∶0.75	锚杆挂网喷射混凝土或挂网喷射混凝土	植物难于生长的土质和强风化软质岩石边坡
2	TBS 植被护坡绿化设计		缓于 1∶0.5	锚杆挂网喷射基材混合物	硬/软质岩、土石混合、瘠薄土
3	骨架结合植物/TBS 护坡绿化设计	拱形骨架结合植物/TBS 绿化设计	缓于 1∶1	锚杆支护或无需支护	土质和全风化岩石边坡
4		方格形骨架结合植物/TBS 绿化设计			
5	植物护坡绿化设计	植草护坡绿化设计	缓于 1∶1.5	无需支护	易于植被生长的土质边坡
6		下爬上挂绿化设计	陡于 1∶0.5	挂网喷射混凝土或喷射混凝土	较陡边坡且难于植物生长的边坡

考虑到南北方地区气候差异性，需对种植坡面植物进行选用，选用的原则为：

（1）适应当地气候条件。

（2）适应当地土壤条件（包括水分、pH 值、土壤性质等）。

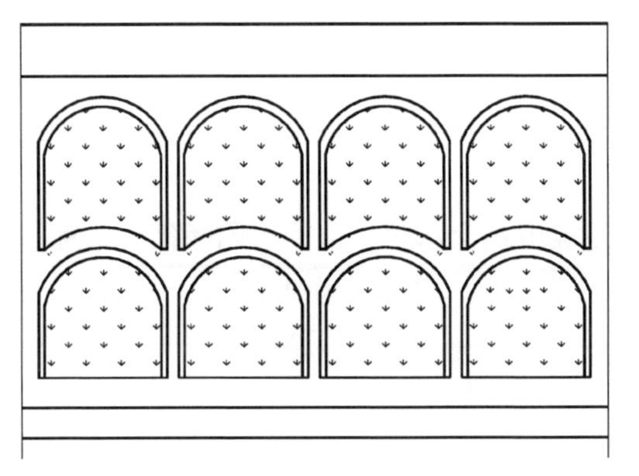

图 3-5　拱形骨架坡面布置图

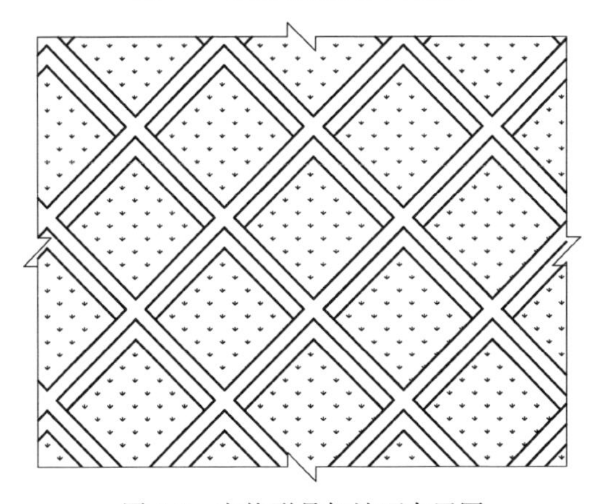

图 3-6　方格形骨架坡面布置图

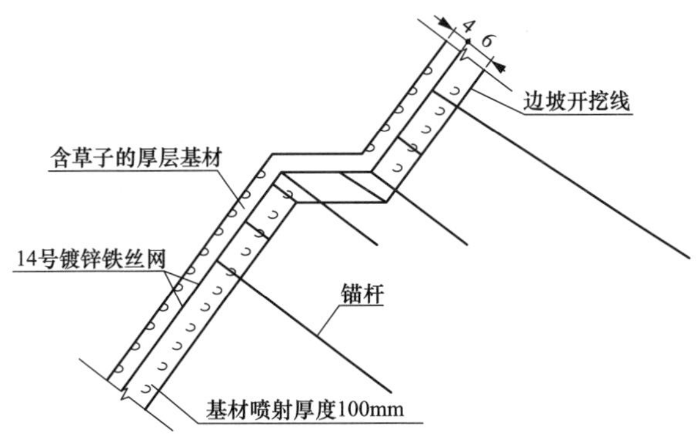

图 3-7　TBS 植被护坡剖面示意图

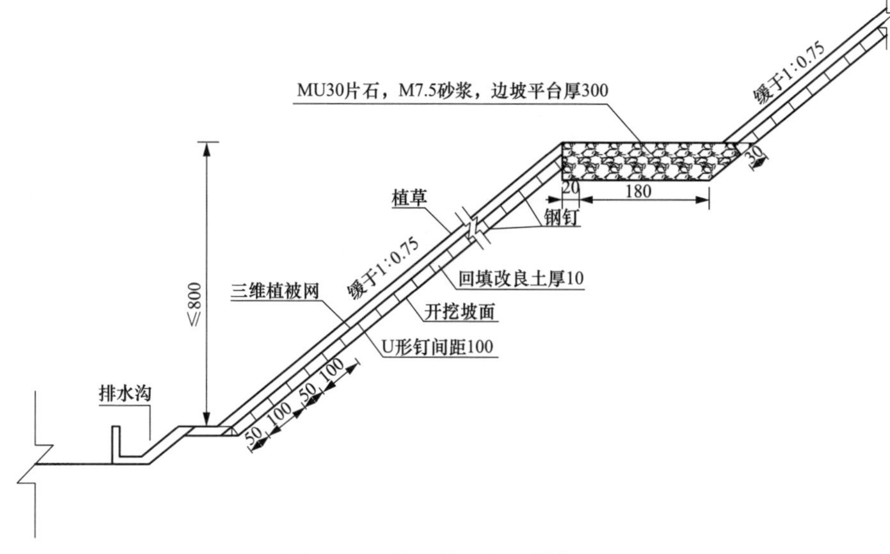

图 3-8　三维植被网护坡横断面图

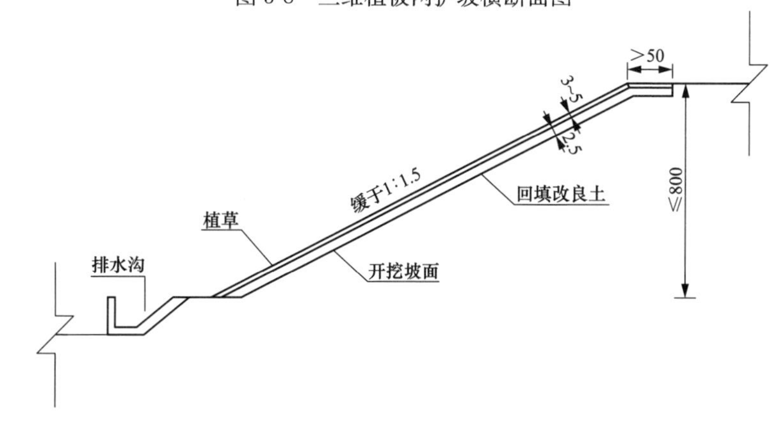

图 3-9　植草护坡横断面图（单位：cm）

（3）抗逆性强（包括抗旱性、抗热性、抗寒性、抗贫瘠性、抗病虫性）。

（4）易成活，叶茎矮、根系发达、生长迅速，能在短时期内覆盖坡面。

（5）适应粗放管理，能生产适量种子。

（6）种子易得且成本合理。

根据地区不同，本次通用设计给出了各地区适宜种植植物类型，供参照选用：

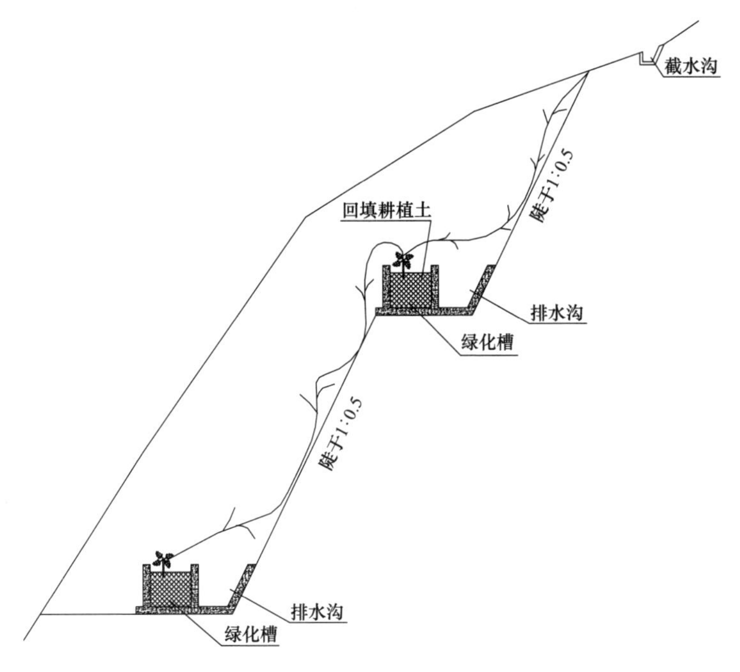

图 3-10　下爬上挂护坡横断面图（单位：cm）

东北地区：野牛草、结缕草、紫羊茅、羊茅、匍匐剪股颖、草地早熟禾、白三叶、林地早熟禾、早熟禾、小糠草、高羊茅、异穗苔草、加拿大早熟禾、白颖苔草。

华北地区：野牛草、林地早熟禾、草地早熟禾、白三叶、匍匐剪股颖、加拿大早熟禾、白颖苔草、颖茅苔草。

西北地区：野牛草、林地早熟禾、草地早熟禾、白三叶、匍匐剪股颖、加拿大早熟禾、颖茅苔草、狗牙根草（温暖处）、羊茅、白颖苔草、高羊茅、结缕草、小糠草、紫羊茅。

华中、华东地区：假俭草、紫羊茅、草地早熟禾、白三叶、双穗雀稗、小糠草、细叶结缕草、马尼拉结缕草、香根草、结缕草、早熟禾、狗牙根草。

西南地区：假俭草、紫羊茅、草地早熟禾、白三叶、羊茅、双穗雀稗、高羊茅、小糠草、弓果黍、竹节草、马蹄金、狗牙根草、香根草、多年生黑麦草。

华南地区：白三叶、假俭草、两耳草、中华结缕草、双穗雀稗、马蹄金、马尼拉结缕草、弓果黍、细叶结缕草、香根草、沟叶结缕草、狗牙根草。

3.5　绿化槽设计

绿化槽设计主要包含坝顶下游侧绿化槽、下游坝坡马道绿化槽和开挖边坡马道绿化槽设计。

结合宜兴抽水蓄能电站上水库坝顶下游侧绿化槽布置，本次通用设计坝顶下游侧绿化槽采用钢筋混凝土结构，矩形断面，坝顶下游侧绿化槽布置图见图 3-11。坝顶宽度为 8～10m 时，绿化槽净宽为 80cm，净高为 60cm，边墙和底板厚度为 15cm，绿化槽剖面图见图 3-12；坝顶宽度为 5～8m 时，绿化槽净宽为 50cm，净高为 40cm，边墙和底板厚度为 10cm，绿化槽剖面图见图 3-13。

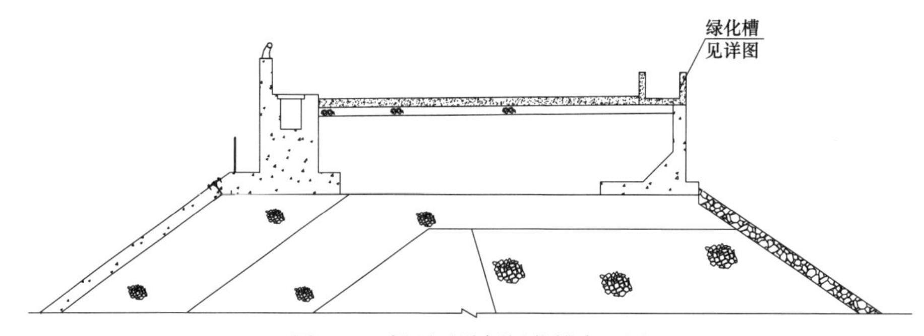

图 3-11　坝顶下游侧绿化槽布置图

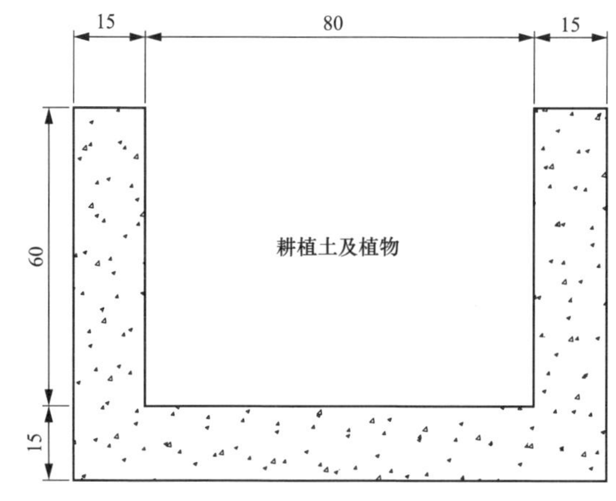

图 3-12　80cm 宽绿化槽剖面图（单位：cm）

下游坝坡马道绿化槽和开挖边坡马道绿化槽采用钢筋混凝土结构，矩形断面，绿化槽剖面图见图 3-14～图 3-16。种植槽断面净宽为 85cm，种土高度为

70cm，边墙和底板厚15cm。考虑到马道排水及行人要求，需设置行人兼排水道，采用钢筋混凝土结构。

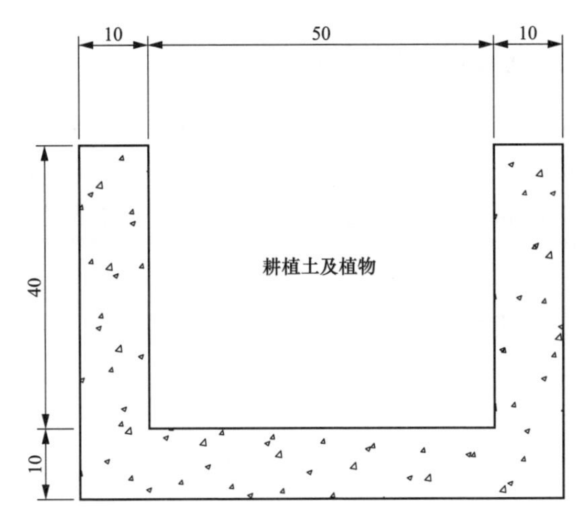

图3-13　50cm宽绿化槽剖面图（单位：cm）

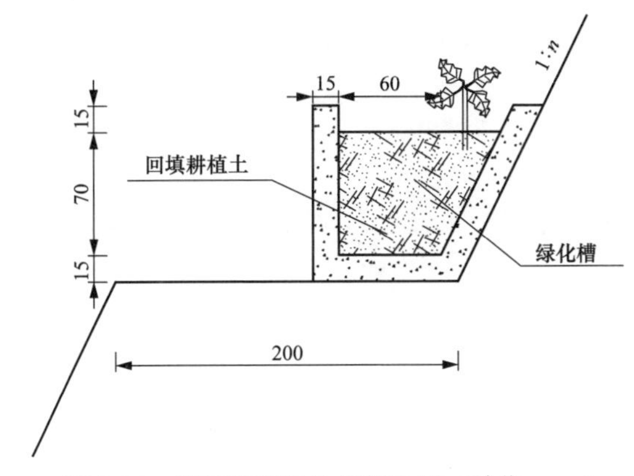

图3-14　坝坡马道绿化槽剖面图（单位：cm）

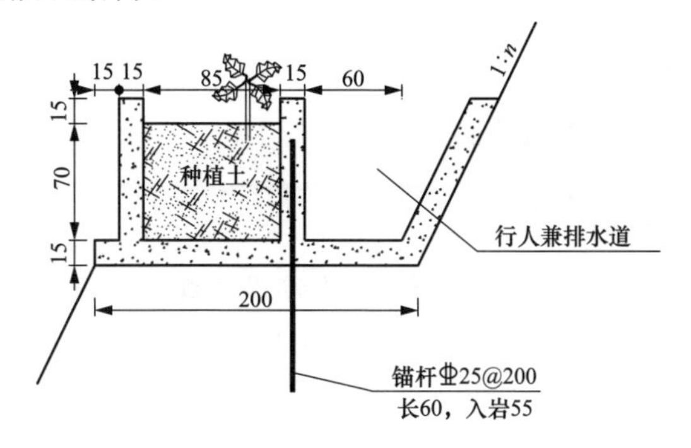

图3-15　边坡马道绿化槽1（单位：cm）

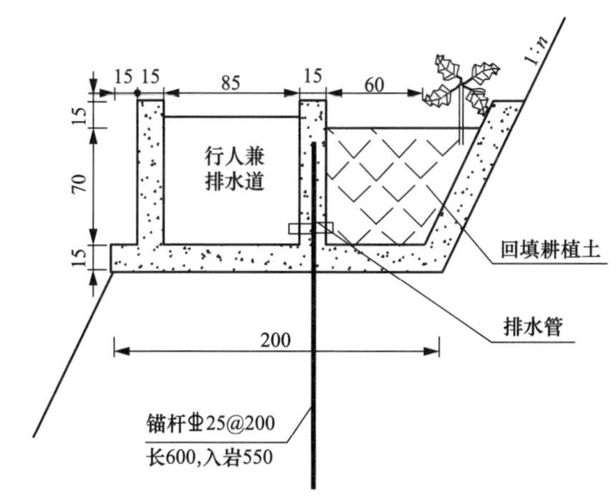

图3-16　边坡马道绿化槽2（单位：cm）

第4章　廊道断面通用设计

4.1　设计依据

GB 50009—2012　建筑结构荷载规范

GB 50010—2010　混凝土结构设计规范

NB/T 35026—2014　混凝土重力坝设计规范

DL/T 5057—2009　水工混凝土结构设计规范

DL 5077—1997　水工建筑物荷载设计规范

DL/T 5195—2004　水工隧洞设计规范

DL/T 5411—2009　土石坝沥青混凝土面板和心墙设计规范

《水工设计手册》(第二版)

4.2 设计范围

廊道断面通用设计范围主要包括：

（1）灌浆廊道断面设计。

（2）库底排水检查廊道断面设计。

4.3 灌浆廊道断面设计

根据 NB/T 35026—2014《混凝土重力坝设计规范》第 9.2.6 规定，基础灌浆廊道的断面尺寸，应根据钻灌机具尺寸及工作要求确定，宽度可取 2.5～3.0m，高度可取 3.0～3.5m，断面多采用城门洞形。灌浆廊道四周应根据应力计算或工程类比配置钢筋。根据施工方法不同，灌浆廊道可分为预制和现浇廊道。参考已建工程，呼和浩特抽水蓄能电站下水库拦河坝为碾压混凝土重力坝，基础灌浆廊道采用预制混凝土结构，断面尺寸为 3.0m（宽）×3.5m（高）。

结合规范要求和已建工程经验，本次通用设计灌浆廊道断面尺寸采用 3.0m（宽）×3.5m（高），城门洞型结构，结构断面适用于抽水蓄能电站碾压混凝土重力坝和心墙坝混凝土基座内灌浆廊道断面设计，对于其他特殊部位的灌浆廊道应进行单独设计。考虑到施工方法不同，分别给定预制和现浇廊道两种结构型式，两种类型三维模型见图 4-1 和图 4-2。

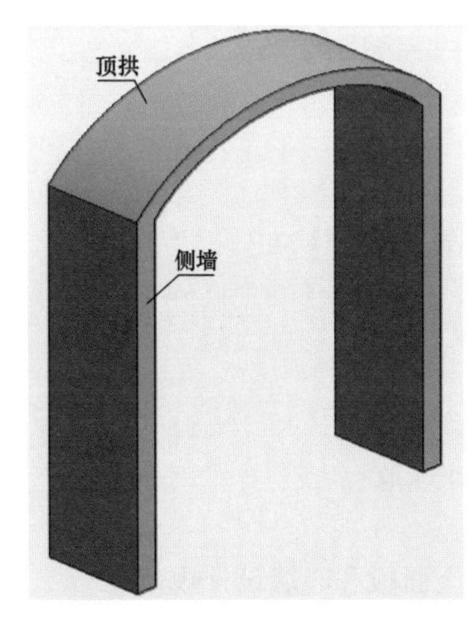

图 4-1　预制混凝土廊道三维模型

图 4-2　现浇廊道三维模型

4.4 库底排水检查廊道断面设计

抽水蓄能电站水库采用全库盆防渗时，需在库底设置廊道，具备排水、通风、安全检查等功能，廊道三维模型见图 4-3。库底廊道可划分为库周边排水检查廊道、库底中间排水检查廊道、进/出口周边排水检查廊道、外排廊道、其他通风交通廊道。

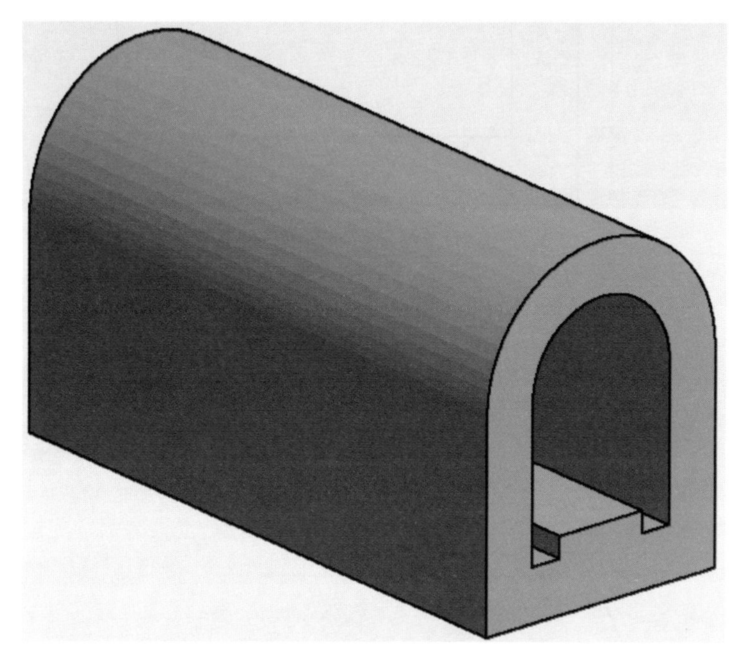

图 4-3　库底排水检查廊道断三维模型

表 4-1 给出了各参照工程库底排水检查廊道顶部作用与廊道断面尺寸、衬砌厚度的对应关系。从表中可以看出，各参照工程廊道断面尺寸均为 1.5m（宽）×2.0m（高），廊道衬砌厚度与廊道顶部作用水头相关。

表 4-1　　各工程库底检查廊道结构

参照工程	作用水头	库底廊道断面尺寸（宽×高）	衬砌厚度
西龙池抽水蓄能电站上水库	32m	1.5m×2.0m	50cm
西龙池抽水蓄能电站下水库	53m	1.5m×2.0m	50cm

续表

参照工程	作用水头	库底廊道断面尺寸（宽×高）	衬砌厚度
呼和浩特抽水蓄能电站上水库	40m	1.5m×2.0m	60cm
张河湾抽水蓄能电站上水库	45m	1.5m×2.0m	60cm

参照以上工程库底排水检查廊道，本次通用设计根据廊道顶部作用水头不同，初拟两种廊道断面尺寸，分别为A类廊道和B类廊道，对应廊道尺寸和衬砌厚度见表4-2。

表4-2　A、B类检查廊道结构

廊道型式	作用水头范围	库底廊道断面尺寸（宽×高）	衬砌厚度
A类廊道	25～40m	1.5m×2.0m	50cm
B类廊道	40～60m(含40m)	1.5m×2.0m	60cm

第5章　观光平台通用设计

5.1　设计依据

DL/T 5057—2009　水工混凝土结构设计规范

DL 5077—1997　水工建筑物荷载设计规范

5.2　设计范围

观光平台通用设计范围包括：

抽水蓄能电站上水库观光平台设计。

5.3　上水库观光平台通用设计

上水库观光平台一般设置在有较高景观价值且视域范围良好的地方，观光平台的设置要充分考虑观光环境的安全性和可行性。本次通用设计仅对观光平台布置进行设计，对观光平台位置的选择可参考国网新源公司企业标准或其他标准进行。

参照在建和已建抽蓄工程观光平台，本次通用设计重点关注观光平台布置型式、地面材质、宣传展板、观光拍照区、停车区等布置。考虑到不用工程观光平台地形差异，现场施工时可根据实际情况对观光平台布置进行局部调整。

本次通用设计，在调研基础上初拟了两种布置方案：一种是折线形布置方案，另一种是椭圆形布置方案，两种方案布置图见图5-1和图5-2。两种方案上水库观光平台四周为保证安全，均采用栏杆围建，栏杆设计可参见“2.5库（坝）区栏杆设计”。观光平台路面需满足过车和行人要求，设计初拟了两种路面加固型式，一种是采用混凝土硬化路面，另一种是铺设预制嵌草水泥砖。观光平台可根据现场需要种植树木和花草，以增加视觉享受和美感体验。同时为满足现场拍照需求，在观光平台临库侧专门设计观光拍照区。同时，考虑观光平台功能要求，可设置宣传展板、休息区、洗手间和停车场等。

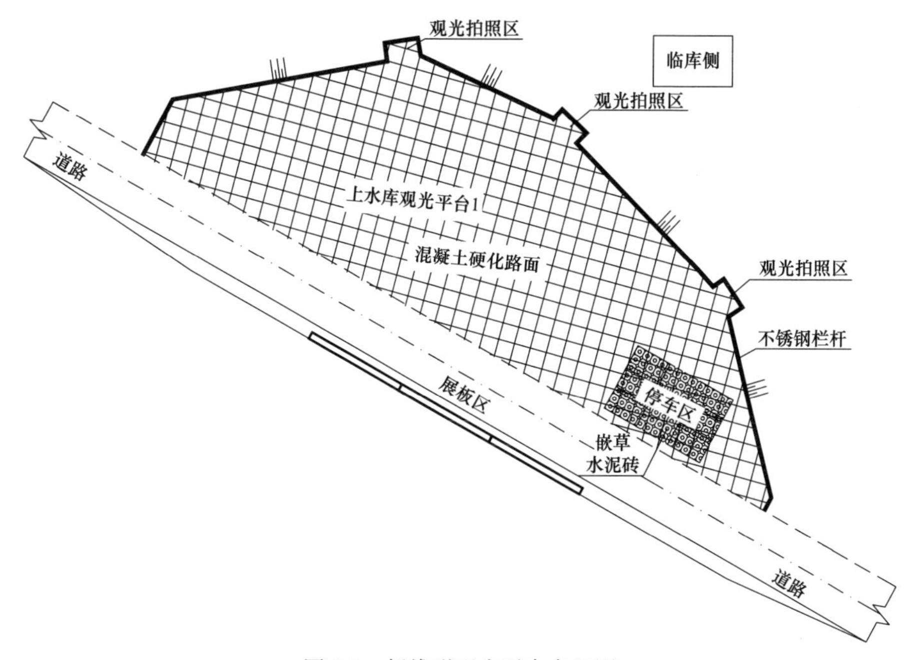

图5-1　折线形观光平台布置图

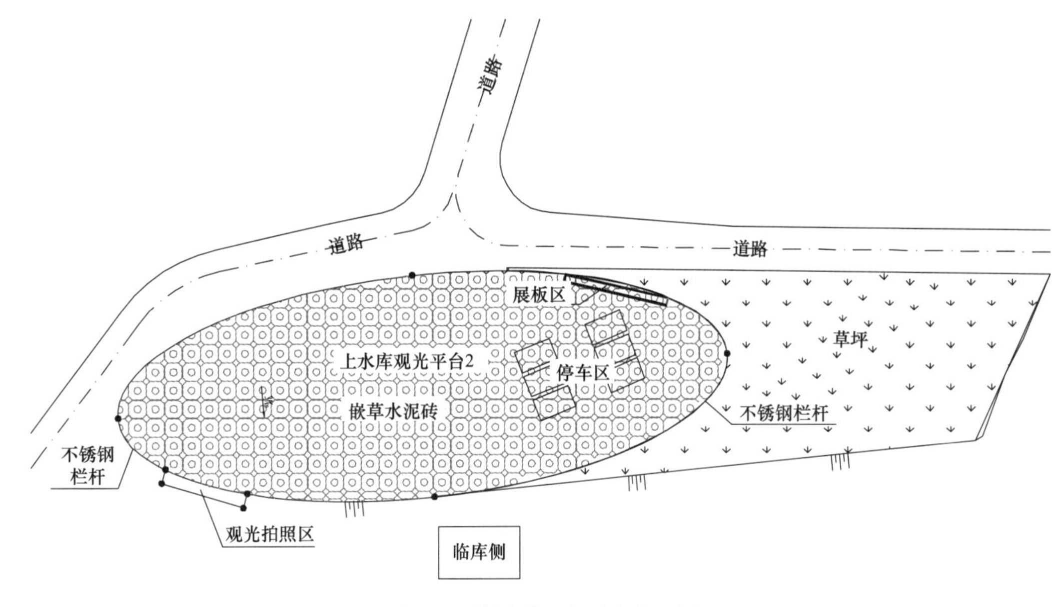

图 5-2　椭圆形观光平台布置图

第 6 章　上下水库区域入口门卫房及停车场、监测房通用设计

6.1　设计依据

GB 50016—2014　建筑设计防火规范

GB 50352—2019　民用建筑设计统一标准

GB 50872—2014　水电工程设计防火规范

GB 05J909　工程做法图集

JGJ 100—2015　车库建筑设计规范

JGJ 113—2015　建筑玻璃应用技术规程

Q/GDW 46　国网新源控股有限公司企业标准

《工程建设标准强制性条文（房屋建筑部分）》

《抽水蓄能电站工程现场生产附属（辅助）建筑、生活文化福利设施及永临结合工程设置标准》（国网新源控股有限公司印发的新源基建〔2012〕296号文件）

6.2　设计范围

上下水库区域入口门卫房及停车场、监测房通用设计范围包括：

（1）上下水库区域入口门卫房设计主要包括：门卫房建筑设计部门和结构设计部分。

（2）停车场设计。

（3）地表监测房设计。

6.3　上下水库区域入口门卫房设计

本次通用设计按照南、北方抽水蓄能电站特点，分别给定了上下水库区域入口门卫房北方方案和南方方案。

门卫房设计范围仅包括建筑设计和结构设计，不包括消防、给排水、暖通、强电、弱电等设计。门卫房三维效果图见图 6-1～图 6-2。

图 6-1 上下水库区域入口门卫房三维效果图（北方方案）

图 6-2 上下水库区域入口门卫房三维效果图（南方方案）

北方方案门卫房采用框架结构，屋面尺寸为 7.0m×3.6m×3.9m(长×宽×檐口高度)，总建筑面积 $30m^2$。门卫房耐火等级为二级，设计使用年限 50 年，屋面防水等级为二级。抗震等级根据工程所在地区确定。

南方方案门卫房同《国网新源控股有限公司抽水蓄能电站工程通用设计从书 细部设计分册》（第 3 章入口、门卫及围墙设计部分）业主营地入口南方方案。

6.4 停车场设计

本次通用设计仅对停车场布置进行设计，对停车场位置的选择可参考国网新源公司企业标准或其他标准进行。根据车辆停放时车位的布置形式，停车场布置方案分垂直式、平行式、斜列式三种，三种方式布置图见图 6-3～图 6-5。

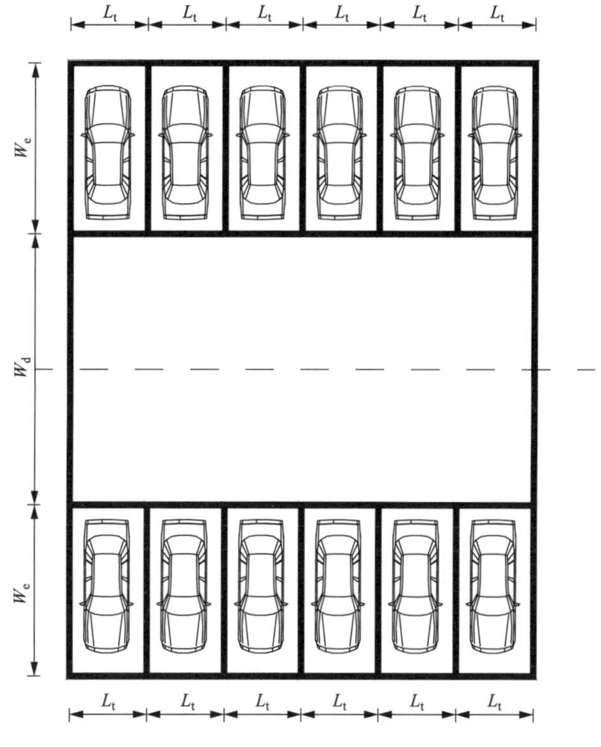

图 6-3 垂直式停车场布置图

对于上下水库区域入口停车场布置方案，可根据现场实际情况选用。一般认为，相同停车面积条件下，垂直式停车场可停放车辆最多；斜列式停车场适合出入没有足够距离的路边停车；平行式停车场适合需要给机动车道预留足够空间的情况。

对于停车场路面材质的要求，本次通用设计给出两种路面处理方案：一种是采用混凝土硬化路面，另一种是铺设预制嵌草水泥砖，可根据现场实际情况选用。

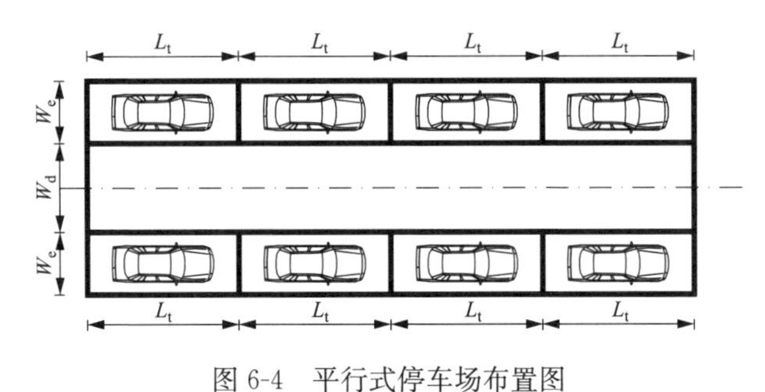

图 6-4　平行式停车场布置图

为满足不同车型对停车位空间的要求，本次通用设计给定不同车型停车位尺寸控制参数：垂直通道方向的停车带宽（W_e）、平行通道方向的停车带长（L_t）、通道宽（W_d）、单位停车面积 S。斜列式倾斜角度 a。各控制参数可根据场地实际情况按表 6-1 选用。

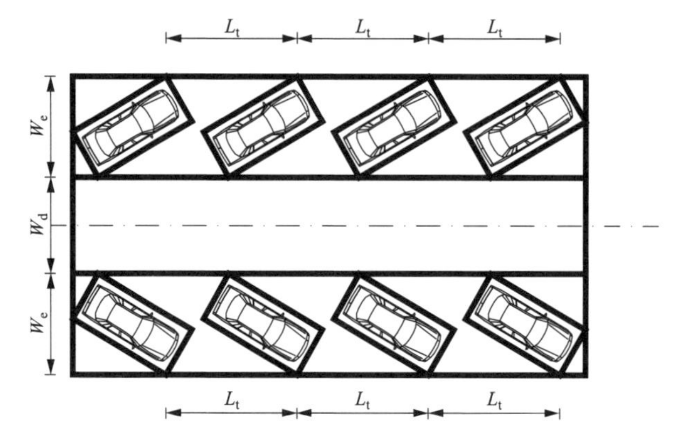

图 6-5　斜列式停车场布置图

表 6-1　　各类汽车停车位尺寸选用表

停车方式			垂直通道方向的停车带宽 W_e（m）					平行通道方向的停车带长 L_t（m）					通道宽 W_d（m）					单位停车面积 S（m^2）				
			Ⅰ	Ⅱ	Ⅲ	Ⅳ	Ⅴ	Ⅰ	Ⅱ	Ⅲ	Ⅳ	Ⅴ	Ⅰ	Ⅱ	Ⅲ	Ⅳ	Ⅴ	Ⅰ	Ⅱ	Ⅲ	Ⅳ	Ⅴ
平行式		前进停车	2.6	2.8	3.5	3.5	3.5	5.2	7	12.7	16	22	3	4	4.5	4.5	5	21.3	33.6	73	92	132
斜列式	30°	前进停车	3.2	4.2	6.4	8	11	5.2	5.6	7	7	7	3	4	5	5.8	6	24.4	34.7	62.3	76.1	78
	45°	前进停车	3.9	5.2	8.1	10.4	14.7	3.7	4	4.9	4.9	4.9	3	4	6	6.8	7	20	28.8	54.4	67.5	89.2
	60°	前进停车	4.3	5.9	9.3	12.1	17.3	3	3.2	4	4	4	4	5	8	9.5	10	18.9	26.9	53.2	67.4	89.2
	60°	后退停车	4.3	5.9	9.3	12.1	17.3	3	3.2	4	4	4	3.5	4.5	6.5	7.3	8	18.2	26.1	50.2	62.9	85.2
垂直式		前进停车	4.2	6	9.7	13	19	2.6	2.8	3.5	3.5	3.5	6	9.5	10	13	19	18.7	30.1	51.5	68.3	99.8
		后退停车	4.2	6	9.7	13	19	2.6	2.8	3.5	3.5	3.5	4.2	6	9.7	13	19	16.4	25.2	50.8	68.3	99.8

注：表中Ⅰ类指微型汽车，Ⅱ类指小型汽车，Ⅲ类指中型汽车，Ⅳ类指大型汽车，Ⅴ类指绞接车。

6.5 地表监测房设计

地表监测房通用设计是对抽水蓄能电站工程土石坝坝坡面观测房外观、体形进行标准化设计，具体包括观测房结构尺寸等设计内容。本分册附录图中地表检测房适用于水管式沉降仪管路长度不超过 300m 的土石坝，超出此范围需论证后对观测房结构尺寸做出必要的修改调整后方可适用。

观测房尺寸与放置监测仪器和设备相关。结合调研成果，本次通用设计观测房净尺寸为 3.5m×2.5m×2.75m（长×宽×高），采用砖墙砌筑，砌砖强度等级 MU10；基础及护墙采用 M15 水泥砂浆，基础底板下面铺 10cm 水泥砂浆浆砌石结构。观测房左右两侧及坝坡面采用浆砌石挡墙。考虑到南北方差异，对北方地区，观测房浆砌石护墙与坝体堆石接触，对浆砌石结构面用 M15 水泥砂浆加 3%防水粉抹面厚 3.0cm，并在表面涂刷沥青；对南方地区，考虑到南方雨水较多，为方便通风防潮，将观测房后墙半露出墙后坝坡。

观测房装修要求：观测房屋内地板在监测仪器安装固定后，贴地板瓷砖（40cm×40cm）；内墙墙面刮腻子找平，喷白色乳胶漆三道；坝面以外裸露部分外墙底部混凝土墙部分刷白色外墙涂料；以上为红砖水泥砂浆勾缝或刷白色外墙涂料。坝后观测房三维效果图见图 6-6。

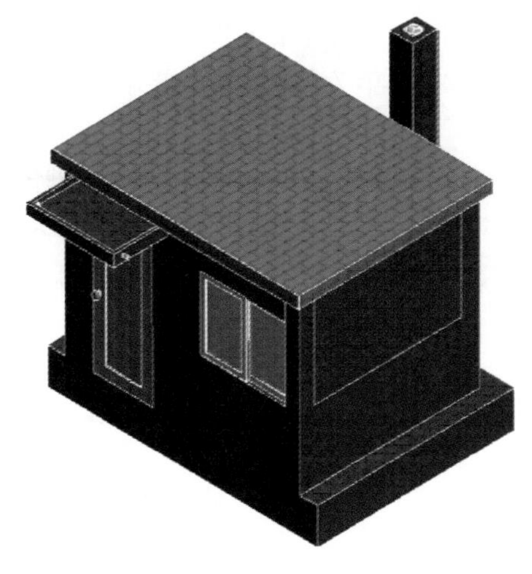

图 6-6　坝后观测房三维效果图

第 7 章　大坝下游坡脚、渣场坡脚防护设计

7.1 设计依据

GB 51018—2014　水土保持工程设计规范

DL/T 5057—2009　水工混凝土结构设计规范

DL/T 5353—2006　水电水利工程边坡设计规范

DL/T 5395—2007　碾压式土石坝设计规范

DL/T 5419—2009　水电建设项目水土保持方案技术规范

SL 379—2007　水工挡土墙设计规范

《水力计算手册》（武汉大学水利水电学院水力学流体力学教研室，2006 版）

《国家电网品牌标识推广应用手册》（第三版）

《抽水蓄能电站工程边坡地质隐患与排水系统设计相关问题研讨会》会议纪要（2016 年 7 月 21 日）

7.2 设计范围

大坝下游坡脚、脚渣坡脚防护设计范围主要包括：

（1）大坝下游坡脚防设计；

（2）渣场坡脚防护设计。

7.3 大坝下游坡脚防护设计

参考在建及已建工程，大坝下游坡脚处的防护设计包括坡脚排水沟断面设计和坝脚排水棱体断面设计。经调研，西龙池抽水蓄能电站上下水库、呼和浩特抽水蓄能电站上水库、丰宁抽水蓄能电站上水库大坝下游坡脚排水沟均采用浆砌石梯形断面。根据《抽水蓄能电站工程边坡地质隐患与排水系统设计相关问题研讨会》会议纪要（2016 年 7 月 21 日）要求，场内排水设施应采用钢筋混凝土结构型式。

根据调研成果和要求，本次通用设计大坝下游坡脚排水沟采用钢筋混凝土结构，梯形断面，断面图见图 7-1。考虑到大坝为工程主要建筑物且破坏后会对所防护对象产生较大影响，大坝下游坡脚排水沟排水流量设计标准按照不小于 50 年一遇降雨强度确定。

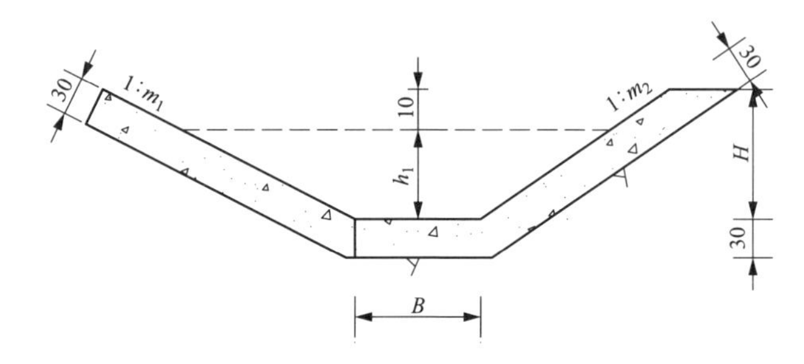

图 7-1　大坝下游坡脚排水沟断面图（单位：cm）

参考已建工程，场地内汇水面积不大时，坝脚排水沟底部宽度可为 40cm，若汇水面积较大，排水沟底部宽度可增加为 100cm。参考在建及已建工程，坝脚排水沟坡度一般为 20%～50%。

本次通用设计，拟订排水沟宽度模数为 40cm、60cm、80cm、100cm。在过水水深基础上，预留 10cm 裕度作为排水沟高度。排水沟边墙和底板厚度统一采用 30cm。

在拟订排水沟宽度模数基础上，根据排水沟过水水深和坡度不同，反推设计过流能力，设计成果供参照选用，设计流量计算公式参照《水力计算手册》（武汉大学水利水电学院水力学流体力学教研室，2006 版）明渠均匀流流量计算公式：

断面面积：$A=B\times h_1+(m_1+m_2)/2\times h_1\times h_1$

渠道湿周：$X=B+h_1\times[(1+m_1\times m_1)^{0.5}+(1+m_2\times m_2)^{0.5}]$

水力半径：$R=A/X$

谢才系数：$C=1/n\times R^{1/6}$（曼宁公式）

设计流量：$Q=A\times C\times(R\times i)^{0.5}$

其中：B 为沟宽；h_1 为过水水深；n 为糙率系数，取 0.014；i 为排水沟底坡度。

DL/T 5395—2007《碾压式土石坝设计规范》第 7.7.6 规定：

（1）顶部高程应超出下游最高水位，超过的高度，1 级、2 级坝不应小于 1.0m，3 级、4 级和 5 级坝不应小于 0.5m，并应超过波浪沿坡面的爬高。

（2）顶部高程应使坝体浸润线距坝面的距离大于该地区的冻结深度。

（3）顶部宽度应根据施工条件及检查监测需要确定，其最小宽度不宜小于 1.0m。

（4）应避免在棱体上游坡脚处出现锐角。

参照在建及已建抽蓄项目，排水棱体多采用梯形断面，根据施工条件要求，排水棱体上游坡度一般为 1.0～1∶1.5，下游坡度一般为 1∶1.5～1∶2.0，顶部宽度为 100～200cm，典型断面图见图 7-2。

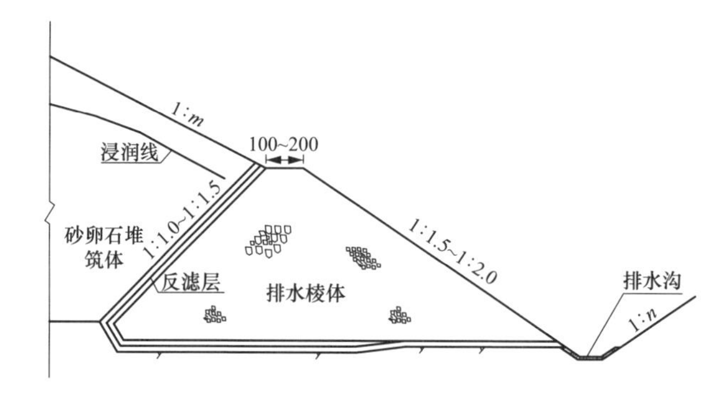

图 7-2　排水棱体典型断面图（单位：cm）

7.4　渣场坡脚防护设计

参考在建及已建工程，渣场下游坡脚处的防护设计包括周边截水沟布置及断面设计、挡渣墙断面设计，平面布置图见图 7-3。

参考在建及已建工程，本次通用设计周边截水沟采用钢筋混凝土结构，梯形断面。根据 GB 51018—2014《水土保持工程设计规范》第 5.7.3 规定，弃渣场永久性截排水措施的排水设计标准采用3年一遇～5年一遇5～10min短历时设计暴雨。

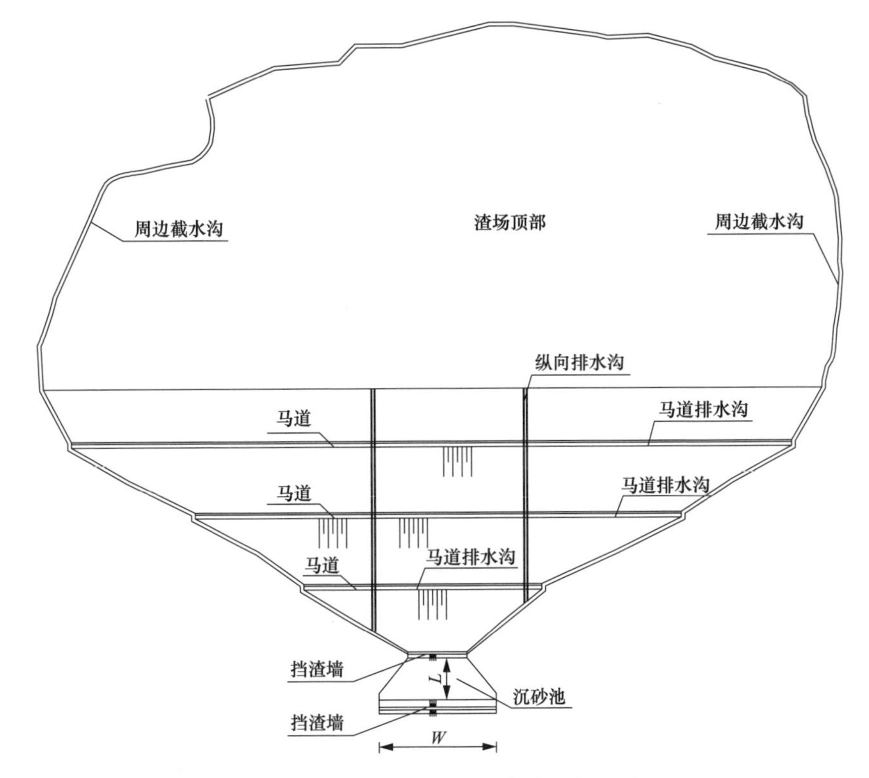

图7-3　渣场坡脚防护设计平面布置图

参考在建及已建工程，拟订渣场周边截水沟底部宽度模数为40cm、60cm、80cm、100cm，断面图见图7-4。在过水水深基础上，预留10cm裕度作为周边截水沟高度。截水沟坡度给定模数0.5%～50%。周边截水沟边墙和底板厚度统一采用30cm。

在拟订周边截水沟宽度模数基础上，根据周边截水沟过水水深和坡度不同，反推设计过流能力，设计成果供参照选用，设计流量计算公式参照《水力计算手册》（武汉大学水利水电学院水力学流体力学教研室，2006版）明渠均匀流流量计算公式：

断面面积：$A=B\times h_1+(m_1+m_2)/2\times h_1\times h_1$

渠道湿周：$X=B+h_1\times[(1+m_1\times m_1)^{0.5}+(1+m_2\times m_2)^{0.5}]$

水力半径：$R=A/X$

谢才系数：$C=1/n\times R^{1/6}$（曼宁公式）

设计流量：$Q=A\times C\times(R\times i)^{0.5}$

其中：B为沟宽；h_1为过水水深；n为糙率系数，取0.014；i为周边截水沟底坡度。

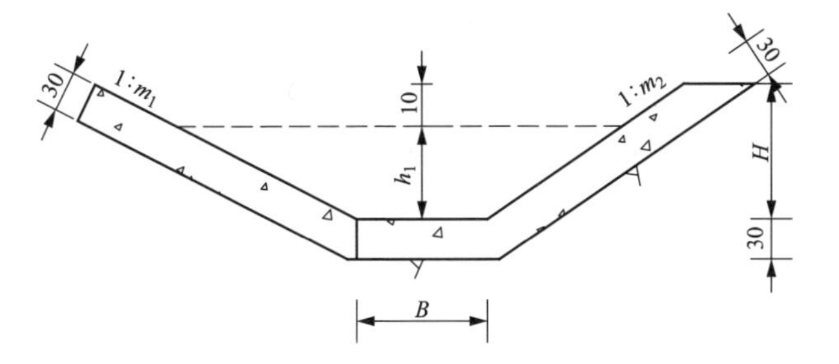

图7-4　周边截水沟断面图（单位：cm）

根据GB 51018—2014《水土保持工程设计规范》第5.7.2规定，挡渣墙建筑物级别应按渣场级别确定。本次通用设计采用双挡渣墙型式，挡渣墙采用钢筋混凝土结构，两挡渣墙之间设沉砂池，沉砂池宽度、长度应根据渣场容量和实际地形确定。挡渣墙典型断面见图7-5和图7-6。挡渣墙顶部宽度、底部宽度和墙高根据表7-1选用。

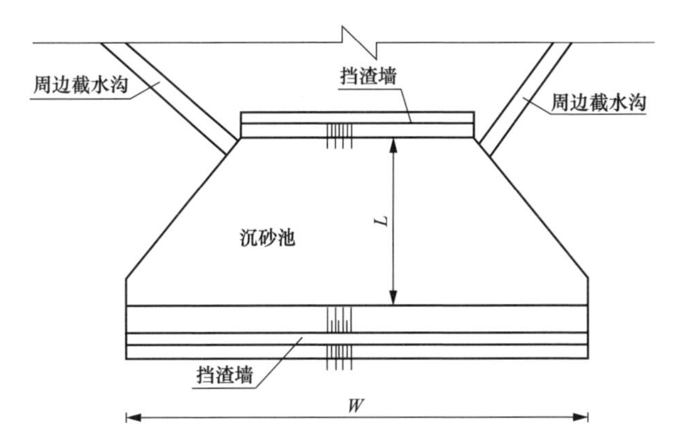

图7-5　挡渣墙（沉砂池）平面布置图

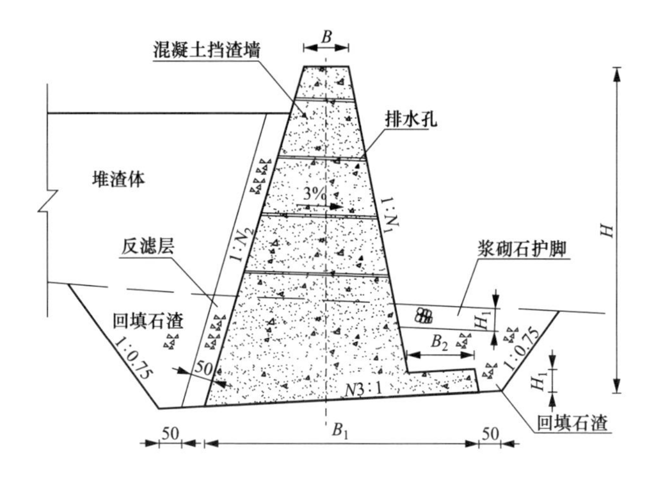

图 7-6　挡渣墙典型断面图（单位：cm）

表 7-1　　　　挡渣墙断面尺寸选用表

续表

序号	墙顶宽 B (cm)	墙高 H (m)	面坡 N_1	背坡 N_2	底坡 N_3	墙底宽 B_1 (cm)	坡脚支撑宽 B_2 (cm)	护脚高 H_1 (cm)
1	100	1.0	0.20	0.20	0.05	141.4	100	50
2	100	2.0	0.20	0.20	0.05	181.8	100	50
3	100	3.0	0.20	0.20	0.05	222.2	100	50
4	100	4.0	0.20	0.20	0.05	262.6	100	50
5	100	5.0	0.20	0.30	0.05	355.3	100	50
6	100	6.0	0.20	0.30	0.05	406.1	100	50
7	100	7.0	0.25	0.30	0.05	644.7	150	50
8	100	8.0	0.25	0.30	0.05	700.5	150	50
9	100	9.0	0.25	0.30	0.05	756.3	150	50
10	100	10.0	0.25	0.30	0.05	812.2	150	50
11	100	11.0	0.25	0.30	0.05	868.0	150	50
12	100	12.0	0.25	0.30	0.05	923.9	150	50

为保证渣场坡脚排水通畅，挡渣墙基础以上 1m 处设第一道排水孔，间隔 2m 设第二道排水孔，排水孔尺寸为 10cm×10cm，孔眼间距为 2m，梅花形布置，排水孔外倾坡度 3%，挡渣墙与渣体间设 50cm 厚碎石。非岩石地基，宜每隔 10～15m 设置一道沉降伸缩缝；对于岩石地基，其沉降伸缩缝可适当增大沉降伸缩缝宜用沥青麻筋或沥青面板填塞。

附录1 库(坝)顶电缆沟断面设计总说明

1. 编制依据

GB 50009—2012 建筑结构荷载规范

GB 50010—2010 混凝土结构设计规范

GB 50168—2018 电气装置安装工程电缆线路施工及验收标准

GB 50217—2018 电力工程电缆设计标准

DL/T 5057—2009 水工混凝土结构设计规范

DL 5077—1997 水工建筑物荷载设计规范

GJBT—584 地沟及盖板图集

Q/GDW 46 国网新源控股有限公司企业标准

《抽水蓄能电站工程工艺设计图册》(第一部分 沟道及盖板工艺设计)

2. 适用范围

2.1 本图册适用于抽水蓄能电站环库路(包括坝顶公路)部位的电缆沟。对大型(净宽超过80cm)或有特殊要求的电缆沟应进行单独设计。电缆沟盖板设计参照《抽水蓄能电站工程工艺设计图册》(第一部分 沟道及盖板工艺设计)。

2.2 抽水蓄能电站环库电缆沟统一采用混凝土(包括钢筋混凝土)沟道。

2.3 参考相关设计规范、图集及已建抽蓄工程，电缆沟断面净宽模数取60cm、80cm两种规格，净高模数取55cm、80cm、105cm三种规格。实际施工过程中，可根据现场情况，对电缆沟断面尺寸进行微调。

3. 设计要点

3.1 电缆沟分为独立型和非独立型两种型式。

3.2 电缆沟底靠支架侧统一设宽10cm，高5cm排水沟，并设2.0%横坡排水；沟底设0.5%纵坡排水，间隔50m设集水井，并设ϕ75mmPVC排水管将电缆沟积水引至集水井。对于有特殊排水要求的电缆沟，需根据实际情况另行设计。

3.3 电缆阻火：

(1) 动力电缆和控制电缆宜分层布置。

(2) 电缆进入沟、隧洞、夹层、竖井、工作井、建筑物及配电屏、开关柜、控制屏、保护屏时，应做阻火封堵。电缆穿入保护管时管口应封闭。

(3) 应在电缆沟分支处，电缆进入控制室、配电装置室、建筑物和厂区围墙处、长距离电缆沟每隔100m处设置带防火门的阻火墙。

(4) 电缆支架层间阻火分隔可根据现场实际情况采用厚4mm耐火隔板(型号EF-C)，耐火隔板与支架采用弯角螺栓(型号M8×130)连接。

3.4 本图册中除钢筋直径以mm计，其余除特别标明外均以cm计。

3.5 混凝土保护层厚度：电缆沟侧壁、底板为3cm。

3.6 电缆支架安装，除采用预埋件安装方式，也可采用膨胀螺栓固定方式，具体根据现场实际情况选用。

4. 材料选用

4.1 混凝土：独立型电缆沟混凝土强度等级C25，非独立型电缆沟混凝土强度等级同大体积混凝土结构；抗冻标号根据工程实际情况选定。

4.2 钢筋：采用HPB300级或HRB400级。

4.3 排水管：ϕ75mmPVC排水管。

5. 施工要求

5.1 电缆沟混凝土施工时严禁在积水中浇筑，需提前排干积水。

5.2 电缆沟侧壁竖向钢筋及板底水平钢筋搭接程度应满足规范的要求。

5.3 所有钢构件制造以前，需足尺放样，核对无误后方可下料制造。

5.4 板材气割或机械剪切下料后，需进行边沿加工，其刨削量不应小于0.2cm。

5.5 电缆沟混凝土模板应采用定型模板，安装时采用测量仪器定位后方可固定。

5.6 除本图册提出的施工要求外，尚应按以下规范施工：

GB 50204—2015 混凝土结构工程施工质量验收规范

GB 50208—2011 地下防水工程施工质量验收规范

GB 50205—2001 钢结构工程施工质量验收规范

GB 8923 涂装前钢材表面锈蚀等级和除锈等级

JGJ 81 建筑钢结构焊接规程

6.本图册编号原则

6.1 电缆沟编号

电缆沟编号为DLGxcg，其中主要参数xcg：

x：电缆沟型式：1为独立型电缆沟，2为非独立型电缆沟。

c：电缆沟净尺寸(宽×高)，1为60cm×55cm，2为60cm×80cm，3为60cm×105cm，4为80cm×55cm，5为80cm×80cm，6为80cm×105cm。

g：1为行车电缆沟，设计荷载：汽-20；2为行人电缆沟，设计荷载：5kN/m^2。

7. 图纸选用

7.1 首先确定电缆沟净宽及净高、荷载等级。

7.2 按选用表选择电缆沟断面型式。

7.3 根据电缆沟断面型式，查找相应的详图。

库(坝)顶电缆沟断面设计总说明										
审查			校核			设计			页	1

电缆沟三维模型
(独立型)

电缆沟三维模型
(非独立型)

库(坝)顶电缆沟三维模型									
审查			校核			设计			页	2

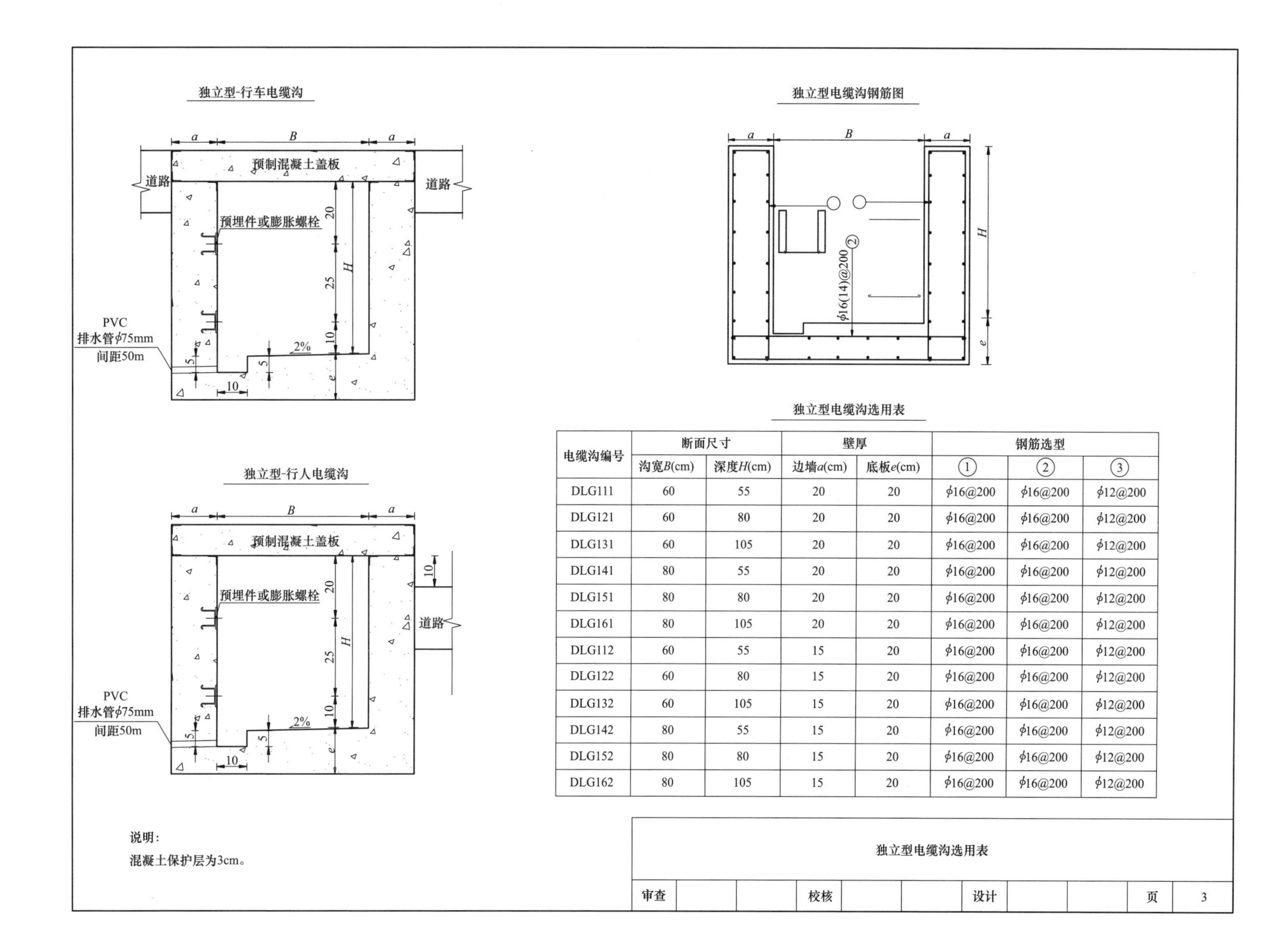

独立型电缆沟选用表

电缆沟编号	断面尺寸		壁厚		钢筋选型		
	沟宽B(cm)	深度H(cm)	边墙a(cm)	底板e(cm)	①	②	③
DLG111	60	55	20	20	ϕ16@200	ϕ16@200	ϕ12@200
DLG121	60	80	20	20	ϕ16@200	ϕ16@200	ϕ12@200
DLG131	60	105	20	20	ϕ16@200	ϕ16@200	ϕ12@200
DLG141	80	55	20	20	ϕ16@200	ϕ16@200	ϕ12@200
DLG151	80	80	20	20	ϕ16@200	ϕ16@200	ϕ12@200
DLG161	80	105	20	20	ϕ16@200	ϕ16@200	ϕ12@200
DLG112	60	55	15	20	ϕ16@200	ϕ16@200	ϕ12@200
DLG122	60	80	15	20	ϕ16@200	ϕ16@200	ϕ12@200
DLG132	60	105	15	20	ϕ16@200	ϕ16@200	ϕ12@200
DLG142	80	55	15	20	ϕ16@200	ϕ16@200	ϕ12@200
DLG152	80	80	15	20	ϕ16@200	ϕ16@200	ϕ12@200
DLG162	80	105	15	20	ϕ16@200	ϕ16@200	ϕ12@200

说明：

混凝土保护层为3cm。

独立型电缆沟选用表											
审查			校核			设计			页	3

独立型电缆沟钢筋材料表

钢筋材料表							
编号	直径d(mm)	型式(cm)	单根长(cm)	根数(根)	总长(m)	单位重(kg/m)	总重(kg)
①	ϕ16	$a-6$ $a-6$ $H+e-6$ $H+e-6$ $H+e-6$ $H+e-6$ $B+2a-6$	$4(H+e+a)+B+2.5d-42$	5	$0.2(H+e+a)+0.05B+0.125d-2.1$	1.58	$0.316(H+e+a)+0.079B+0.1975d-3.318$
						1.21	$0.242(H+e+a)+0.0605B+0.15125d-2.541$
②	ϕ16	$B+2a-6$	$B+2a-6+2.5d$	5	$0.05B+0.1a-0.3+0.125d$	1.58	$0.079B+0.158a-0.474+0.1975d$
						1.21	$0.0605B+0.121a-0.363+0.15125d$
③	ϕ12	100	100	Int[$6a+4(H+e)+2B-480$]/20−1	Int[$6a+4(H+e)+2B-480$]/20−1	0.888	0.888Int[$6a+4(H+e)+2B-480$]/20−0.888

独立型电缆沟钢筋材料表									
审查			校核			设计		页	4

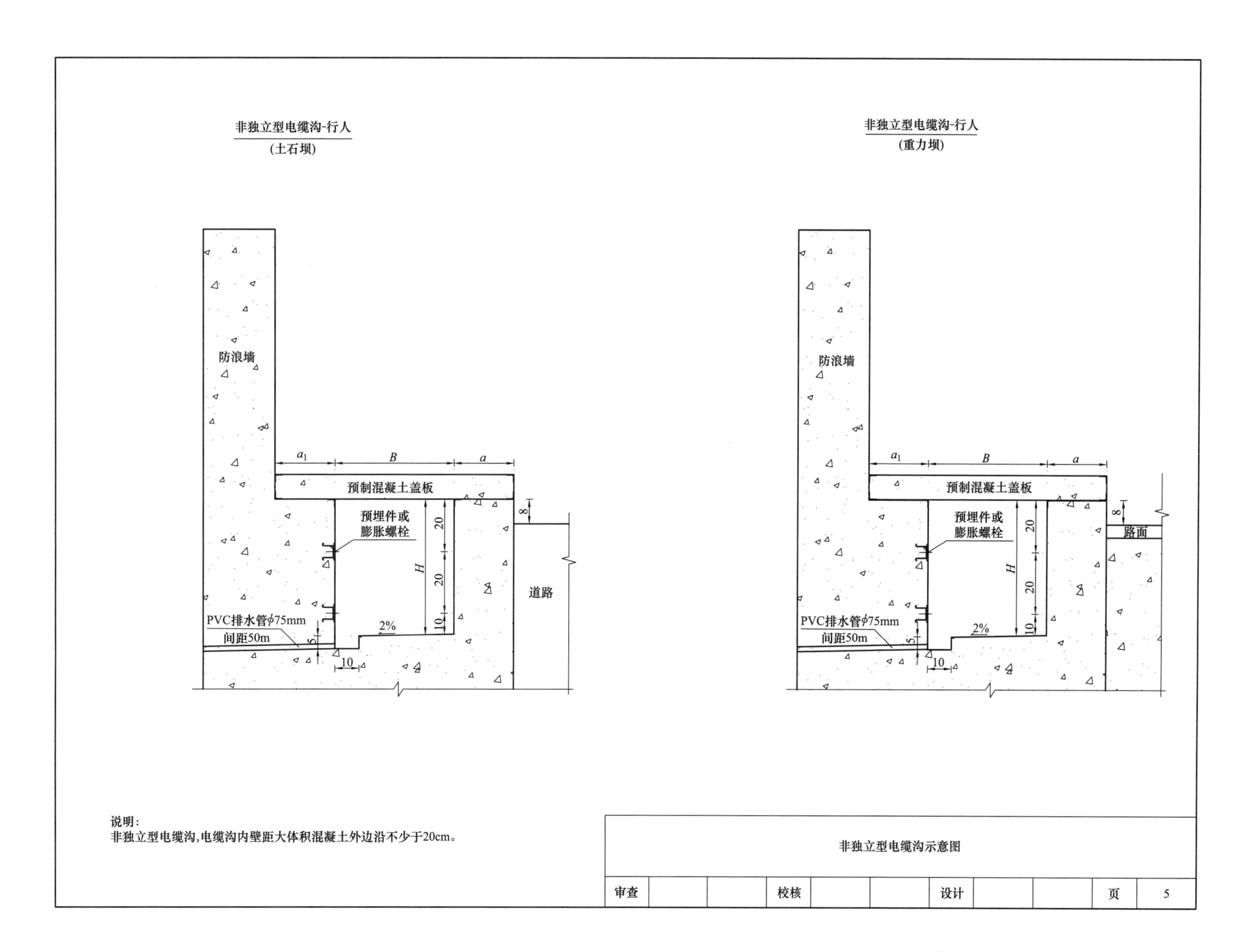

非独立型电缆沟-行人
(土石坝)
防浪墙
a_1
B
a
预制混凝土盖板
预埋件或
膨胀螺栓
H
20
20
10
8
道路
PVC排水管ϕ75mm
间距50m
5
2%
10
非独立型电缆沟-行人
(重力坝)
防浪墙
a_1
B
a
预制混凝土盖板
预埋件或
膨胀螺栓
H
20
20
10
8
路面
PVC排水管ϕ75mm
间距50m
5
2%
10
说明:
非独立型电缆沟,电缆沟内壁距大体积混凝土外边沿不少于20cm。
非独立型电缆沟示意图
审查
校核
设计
页
5

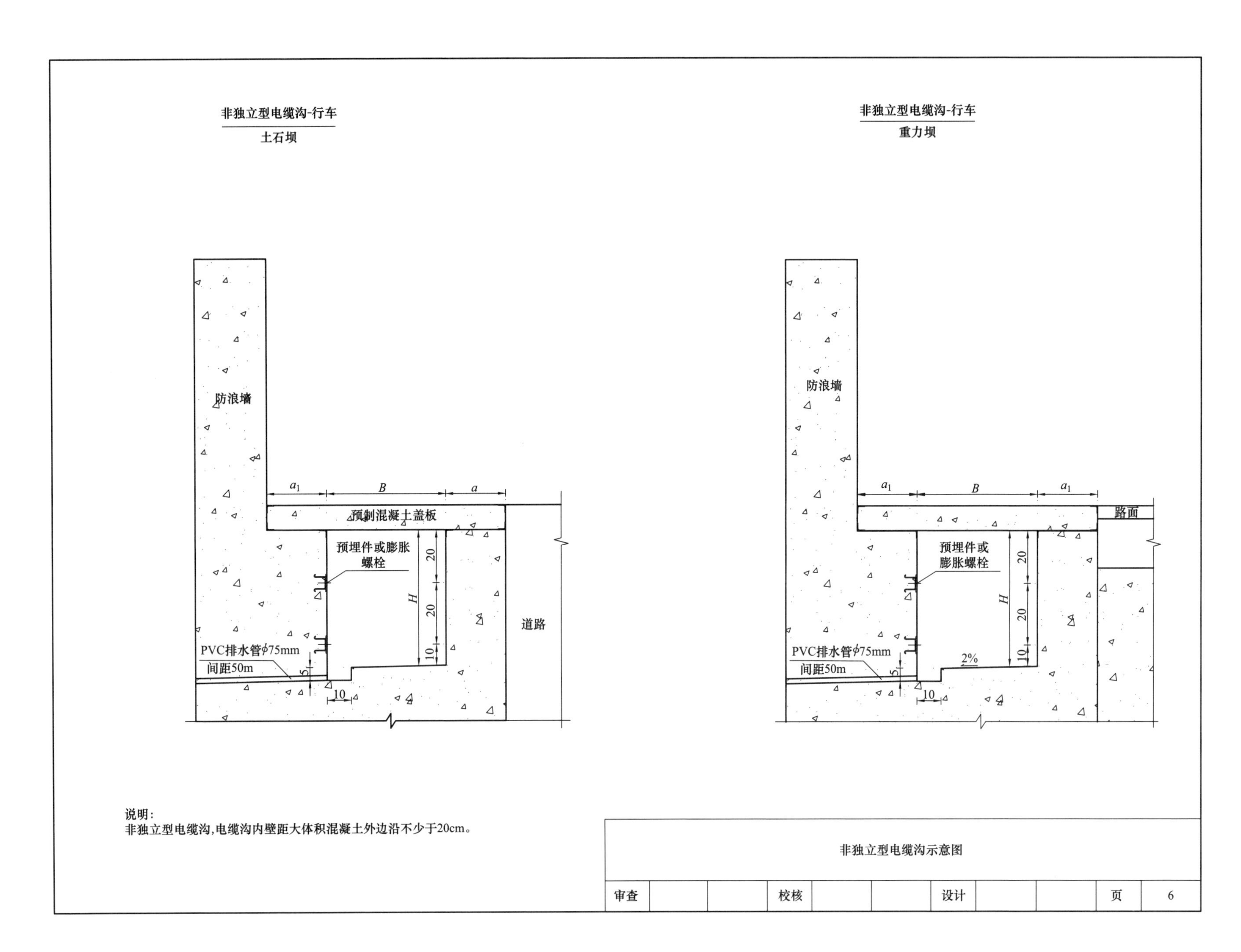
非独立型电缆沟-行车
土石坝
非独立型电缆沟-行车
重力坝
防浪墙
a_1
B
a
预制混凝土盖板
预埋件或膨胀螺栓
20
H
20
10
PVC排水管φ75mm
间距50m
5
10
道路
防浪墙
a_1
B
a_1
路面
预埋件或膨胀螺栓
20
H
20
10
2%
PVC排水管φ75mm
间距50m
5
10
说明：
非独立型电缆沟，电缆沟内壁距大体积混凝土外边沿不少于20cm。
非独立型电缆沟示意图
审查
校核
设计
页
6

非独立型电缆沟钢筋图

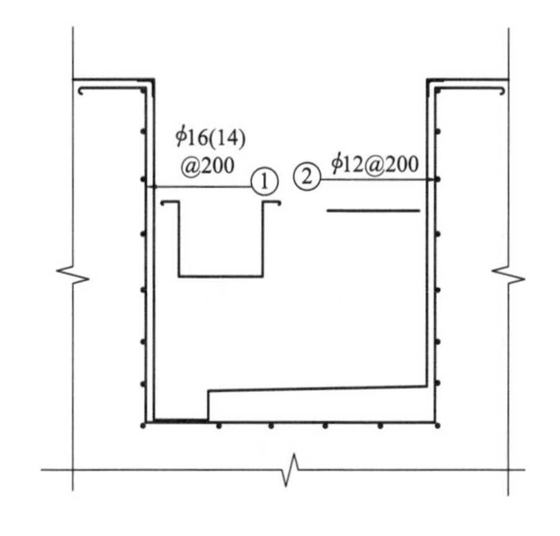

非独立型电缆沟选用表

电缆沟编号	断面尺寸		壁厚	壁厚	钢筋选型	
	沟宽B(cm)	深度H(cm)	边墙a(cm)	边墙a_1(cm)	①	②
DLG211	60	55	20	20	ϕ16@200	ϕ12@200
DLG221	60	80	20	20	ϕ16@200	ϕ12@200
DLG231	60	105	20	20	ϕ16@200	ϕ12@200
DLG241	80	55	20	20	ϕ16@200	ϕ12@200
DLG251	80	80	20	20	ϕ16@200	ϕ12@200
DLG261	80	105	20	20	ϕ16@200	ϕ12@200
DLG212	60	55	15	20	ϕ16@200	ϕ12@200
DLG222	60	80	15	20	ϕ16@200	ϕ12@200
DLG232	60	105	15	20	ϕ16@200	ϕ12@200
DLG242	80	55	15	20	ϕ16@200	ϕ12@200
DLG252	80	80	15	20	ϕ16@200	ϕ12@200
DLG262	80	105	15	20	ϕ16@200	ϕ12@200

说明:
1.混凝土保护层为3cm。
2.非独立型电缆沟底部混凝土厚度至少20cm。

非独立型电缆沟配筋选用表											
审查			校核			设计			页	7

非独立型电缆沟钢筋材料表

钢筋材料表							
编号	直径d(mm)	型式(cm)	单根长(cm)	根数(根)	总长(m)	单位重(kg/m)	总重(kg)
①	ϕ16	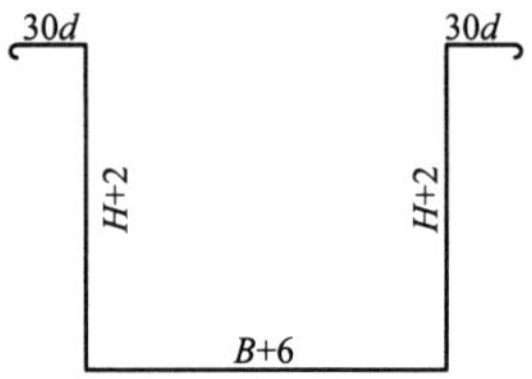 $30d$ $30d$ $H+2$ $H+2$ $B+6$	$2H+B+62.5d+4$	5	$0.1H+0.05B+3.125d+0.2$	1.58	$0.158H+0.079B+4.9375d+0.316$
						1.21	$0.121H+0.0605B+3.78125d+0.242$
②	ϕ12	100	100	$\text{Int}(2H+B+6)/20+3$	$\text{Int}(2H+B+6)/20+3$	0.888	$0.888\text{Int}(2H+B+6)/20+2.664$

非独立型电缆沟钢筋材料表										
审查			校核			设计			页	8

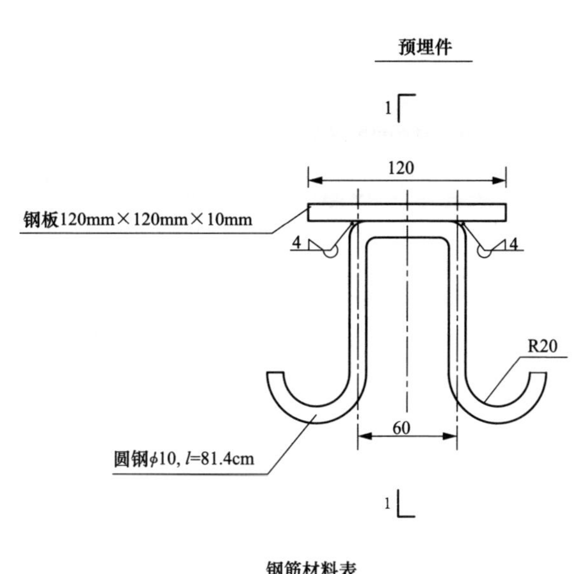

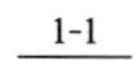

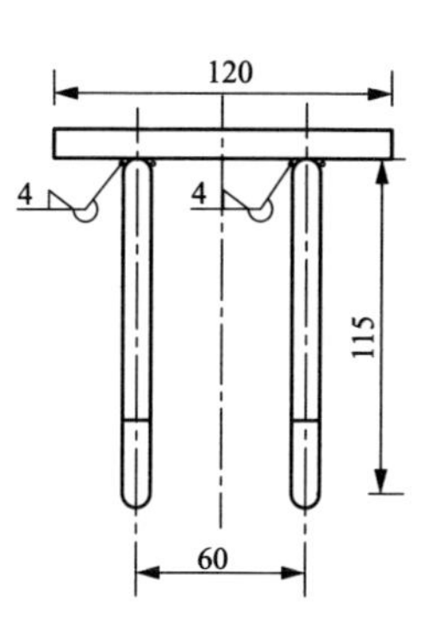

钢筋材料表

编号	项目	长度(cm)	数量	单根重(kg)	共重(kg)
1	HPB300,ϕ10	81.4	2	0.5	1

钢板材料表

编号	项目	规格(cm)	长度(cm)	数量	总面积(m^2)	单重(kg/m^2)	共重(kg)
1	钢板	12×1	12	1	0.014	47.16	0.66

说明：
材料表为电缆沟单个埋件的工程量。

库(坝)顶电缆沟埋件图									
审查			校核			设计			页	9

附录2 地表工程排水沟(截水沟)断面设计总说明

1.编制依据

GB 50009—2012 建筑结构荷载规范

GB 50010—2010 混凝土结构设计规范

DL/T 5057—2009 水工混凝土结构设计规范

DL 5077—1997 水工建筑物荷载设计规范

GJBT—584 地沟及盖板图集

JTG/T D33—2012 公路排水设计规范

《水力计算手册》(武汉大学水利水电学院水力学流体力学教研室，2006版)

《工程流体力学》(中国水利水电出版社)

Q/GDW 46 国网新源控股有限公司企业标准

《抽水蓄能电站工程工艺设计图册》(第一部分 沟道及盖板工艺设计)

《抽水蓄能电站工程边坡地质隐患与排水系统设计相关问题研讨会》会议纪要(2016.7.21)

2. 适用范围

2.1 本图册适用于抽水蓄能电站地表工程的排水沟，具体包含库顶排水沟，渣场、开挖边坡等部位马道排水沟，与绿化槽结合排水沟，坡顶截水沟等。对有特殊要求的排水沟应进行单独设计。

2.2 排水沟统一采用混凝土(包括钢筋混凝土)沟道,排水沟盖板设计参照《抽水蓄能电站工程工艺设计图册》(第一部分 沟道及盖板工艺设计)。

2.3 参考相关设计规范、图集及已建抽蓄工程，电缆沟断面净宽模数取30cm、40cm、50cm、60cm四种规格，根据排水沟过水水深和坡度不同，反推设计过流能力，设计成果供参照选用。实际施工过程中，可根据现场情况，对排水沟断面尺寸进行微调。

3. 设计要点

3.1 排水流量设计标准根据场地实际情况按照不小于15年或者不小于50年一遇降雨强度确定。

3.2 在坡顶截水沟处地形具备条件时，可结合巡检人员通行要求在沟底设置人行踏步。

3.3 排水沟台口统一设为平台口，盖板顶部与周边地面同高。

3.4 本图册中除钢筋直径以mm计，其余除特别标明外均以cm计。

3.5 混凝土保护层厚度：排水沟侧壁、底板、混凝土盖板为3cm。

4. 材料选用

4.1 混凝土：强度等级C25，抗冻标号根据工程实际选定。

4.2 钢筋：HPB300级或HRB400级。

5. 施工要求

5.1 排水沟混凝土施工时严禁在积水中浇筑，需提前排干积水。

5.2 排水沟侧壁竖向钢筋及板底水平钢筋搭接程度应满足规范的要求。

5.3 预制混凝土盖板，制造完成后应注明正反面。

5.4 所有钢构件制造以前，需足尺放样，核对无误后方可下料制造。

5.5 板材气割或机械剪切下料后，需进行边沿加工，其刨削量不应小于0.2cm。

5.6 排水沟混凝土模板应采用定型模板，安装时采用测量仪器定位后方可固定。

5.7 混凝土盖板预制前，需实地测量电缆沟尺寸，并绘制盖板排版图。

5.8 混凝土盖板包边角钢应在专用模具中加工，以确保盖板外尺寸的统一；角钢折边处满焊。

5.9 除本图册提出的施工要求外，尚应按以下规范施工：

GB 50204—2015 混凝土结构工程施工质量验收规范

GB 50208—2011 地下防水工程施工质量验收规范

GB 50205—2001 钢结构工程施工质量验收规范

GB 8923 涂装前钢材表面锈蚀等级和除锈等级

JGJ 81 建筑钢结构焊接规程

6. 断面选用

6.1 首先确定排水沟所在部位。

6.2 按各种选用表选择电缆沟断面型式，包括净宽及净高、是否有交通和美观要求。

6.3 查找相应的详图。

地表工程排水沟(截水沟)断面设计总说明										
审查			校核			设计			页	1

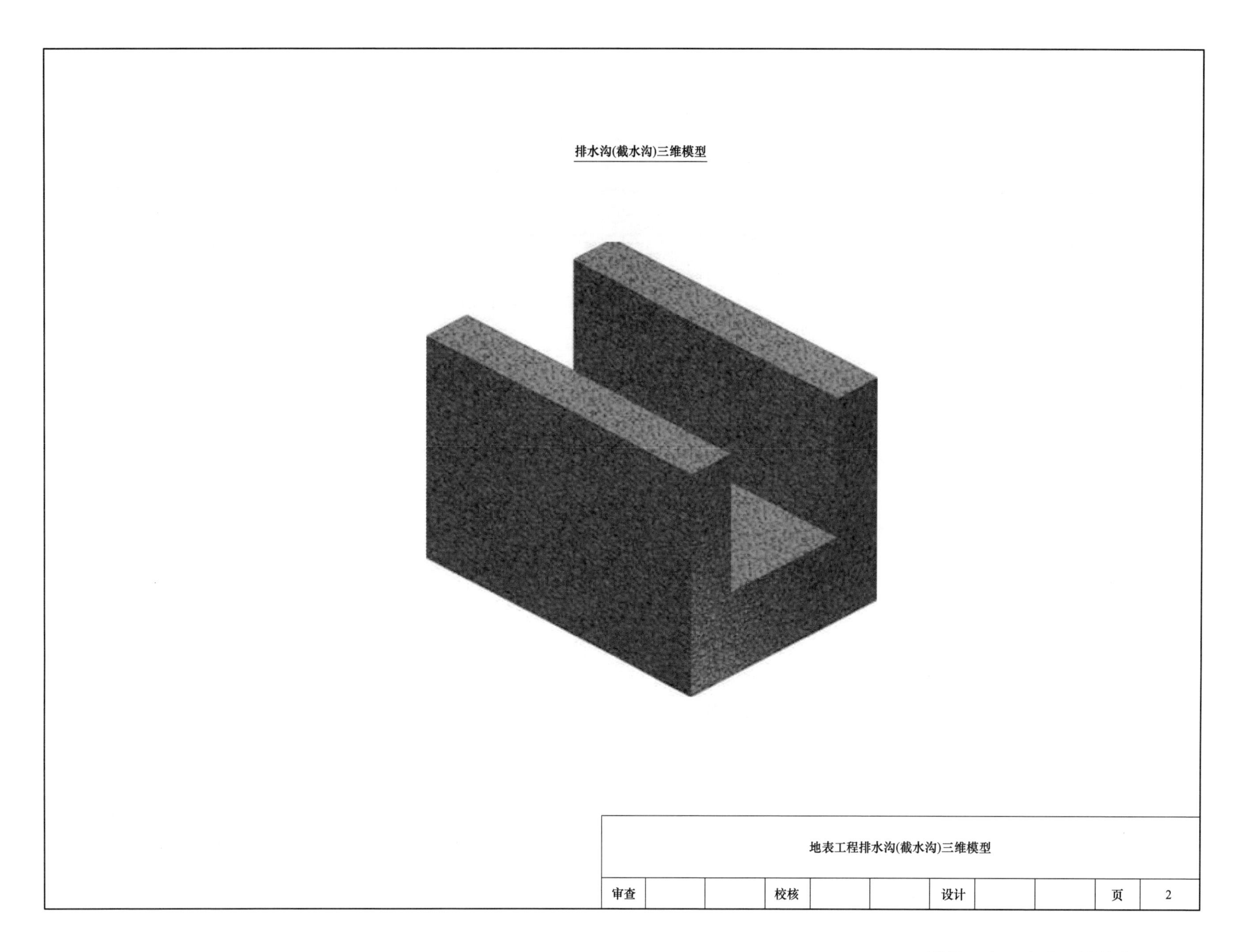
排水沟(截水沟)三维模型
地表工程排水沟(截水沟)三维模型
审查
校核
设计
页
2

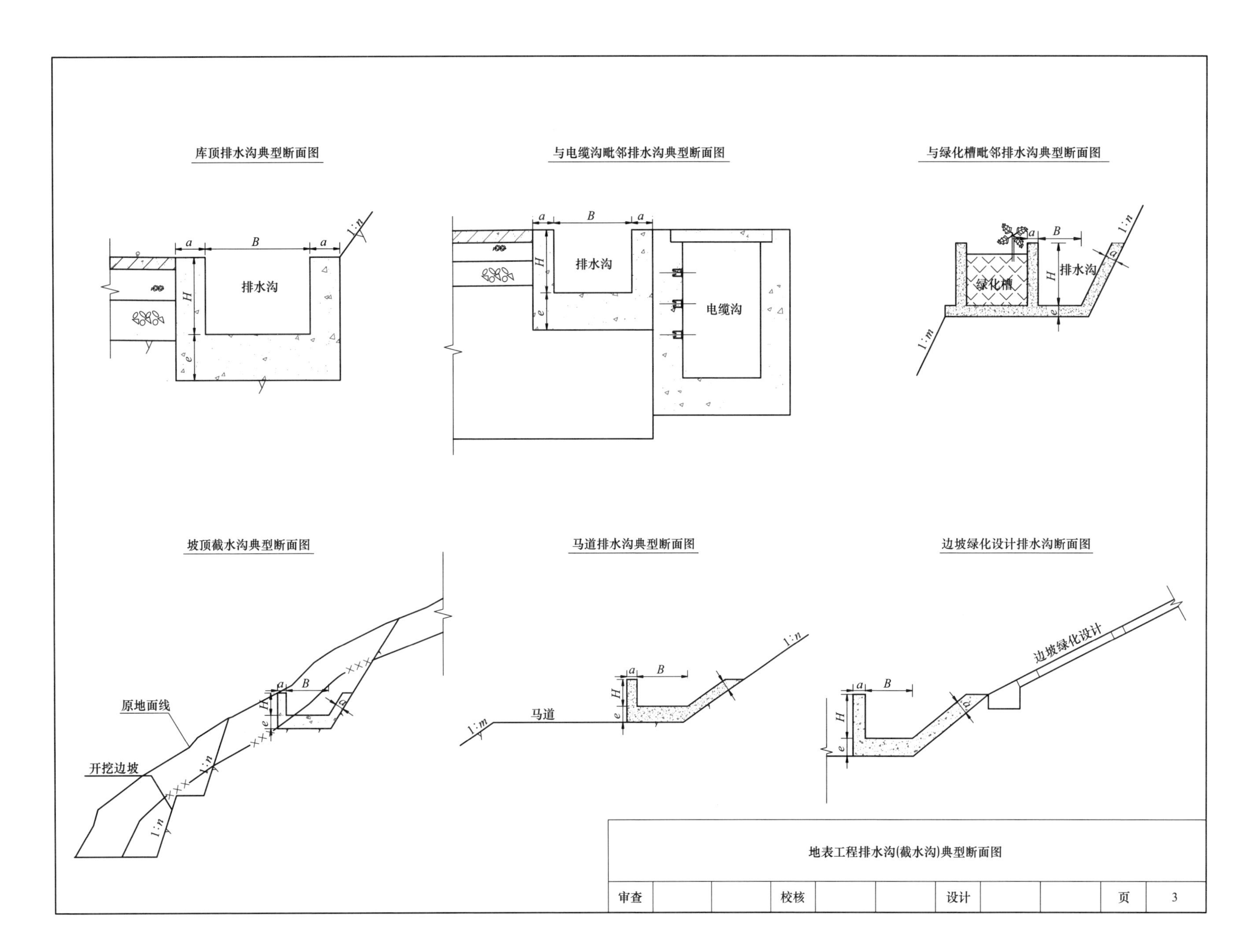

地表工程排水沟(截水沟)典型断面图									
审查			校核			设计			页	3

典型排水沟（截水沟）断面图

无盖板

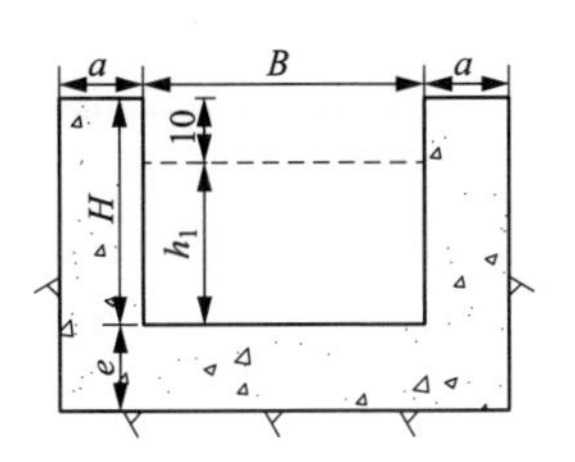

典型排水沟（截水沟）断面图

有盖板

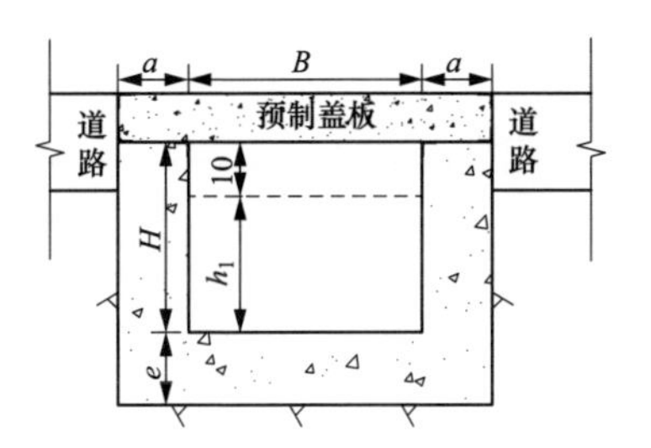

排水沟设计流量表（m^3/s）

沟宽B (cm)	过水水深h_1 (cm)	沟高H (cm)	边墙厚a (cm)	底板厚e (cm)	排水沟坡度											
					0.5%	1.0%	2.0%	3.0%	4.0%	5.0%	6.0%	10.0%	15.0%	20.0%	25.0%	30.0%
30	10	20	15	30	0.023	0.033	0.046	0.057	0.066	0.073	0.080	0.104	0.127	0.147	0.164	0.180
	20	30	15	30	0.059	0.083	0.118	0.144	0.167	0.186	0.204	0.263	0.323	0.373	0.417	0.456
	30	40	15	30	0.098	0.138	0.196	0.240	0.277	0.310	0.339	0.438	0.536	0.619	0.692	0.759
40	20	30	15	30	0.087	0.123	0.174	0.213	0.246	0.275	0.302	0.389	0.477	0.551	0.616	0.674
	30	40	15	30	0.147	0.209	0.295	0.361	0.417	0.466	0.511	0.659	0.808	0.933	1.043	1.142
	40	50	15	30	0.211	0.298	0.422	0.517	0.597	0.667	0.731	0.943	1.155	1.334	1.491	1.634
50	30	40	20	30	0.201	0.284	0.401	0.492	0.568	0.635	0.695	0.898	1.099	1.269	1.419	1.555
	40	50	20	30	0.290	0.410	0.580	0.710	0.820	0.917	1.005	1.297	1.589	1.834	2.051	2.247
	50	60	20	30	0.382	0.541	0.765	0.937	1.082	1.209	1.325	1.710	2.095	2.419	2.704	2.962
60	40	50	20	30	0.374	0.529	0.748	0.916	1.058	1.183	1.296	1.673	2.049	2.366	2.645	2.898
	50	60	20	30	0.496	0.702	0.993	1.216	1.404	1.570	1.720	2.220	2.719	3.139	3.510	3.845
	60	70	20	30	0.622	0.879	1.244	1.523	1.759	1.966	2.154	2.781	3.406	3.933	4.397	4.817

地表工程排水沟（截水沟）断面选用表											
审查			校核			设计			页	4	

典型排水沟(截水沟)钢筋图

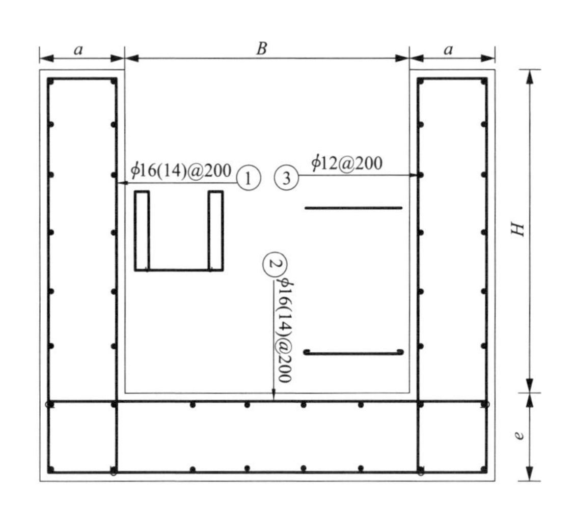

排水沟(截水沟)配筋选用表

沟宽B (cm)	过水水深h_1 (cm)	沟高H (cm)	边墙厚a (cm)	底板厚e (cm)	钢筋选型(有交通要求)		
					①	②	③
30	10	20	15	30	ϕ16@200	ϕ16@200	ϕ12@200
	20	30	15	30	ϕ16@200	ϕ16@200	ϕ12@200
	30	40	15	30	ϕ16@200	ϕ16@200	ϕ12@200
40	20	30	15	30	ϕ16@200	ϕ16@200	ϕ12@200
	30	40	15	30	ϕ16@200	ϕ16@200	ϕ12@200
	40	50	15	30	ϕ16@200	ϕ16@200	ϕ12@200
50	30	40	20	30	ϕ16@200	ϕ16@200	ϕ12@200
	40	50	20	30	ϕ16@200	ϕ16@200	ϕ12@200
	50	60	20	30	ϕ16@200	ϕ16@200	ϕ12@200
60	40	50	20	30	ϕ16@200	ϕ16@200	ϕ12@200
	50	60	20	30	ϕ16@200	ϕ16@200	ϕ12@200
	60	70	20	30	ϕ16@200	ϕ16@200	ϕ12@200

说明：

混凝土保护层为3cm。

排水沟(截水沟)选用表									
审查			校核			设计		页	5

排水沟钢筋材料表

钢筋材料表							
编号	直径d(mm)	型式(cm)	单根长(cm)	根数(根)	总长(m)	单位重(kg/m)	总重(kg)
①	ϕ16	$a-60$ $a-60$ $H+e-60$ $H+e-60$ $H+e-60$ $H+e-60$ $B+2a-60$	$4(H+e+a)+B+2.5d-420$	5	$0.2(H+e+a)+0.05B+0.125d-21$	1.58	$0.316(H+e+a)+0.079B+0.1975d-33.18$
						1.21	$0.242(H+e+a)+0.0605B+0.15125d-25.41$
②	ϕ16	$B+2a-60$	$B+2a-60+2.5d$	5	$0.05B+0.1a-3+0.125d$	1.58	$0.079B+0.158a-4.74+0.1975d$
						1.21	$0.0605B+0.121a-3.63+0.15125d$
③	ϕ12	100	100	$Int[6a+4(H+e)+2B-480]/20-5$	$Int[6a+4(H+e)+2B-480]/20-5$	0.888	$0.888Int[6a+4(H+e)+2B-480]/20-4.44$

排水沟钢筋材料表											
审查			校核			设计			页	6	

附录3 库坝区栏杆设计总说明

1. 编制依据

GB 4053.2—2009 固定式钢梯及平台安全要求 第2部分：钢斜梯

GB 50009—2012 建筑结构荷载规范

GB 50352—2019 民用建筑设计统一标准

GJBT—945 楼梯栏杆 栏板(一)图集

Q/GDW 46 国网新源控股有限公司企业标准

2. 适用范围

2.1 本图册适用于抽水蓄能电站库区及坝顶、观景平台栏杆。

3. 设计要点

3.1 本图册栏杆分为A型、B1型、B2型。

3.2 本图册中未注明尺寸单位的均为cm。

3.3 荷载：本图册按照GB 50009—2012《建筑结构荷载规范》中对栏杆顶部水平荷载的要求，按二类栏杆水平荷载取1.0kN/m。

3.4 本图册栏杆高度为1.2m。

3.5 本图册的不锈钢栏杆立柱固定方式以与预埋件焊接为主。

3.6 立柱栏杆法兰的选用，要尽量与立柱材料一致。

4. 材料选用

4.1 栏杆立柱：Q235钢，不锈钢立柱的拉弯强度应与钢材相同。

4.2 埋件钢板：Q235钢。

4.3 钢管：不锈钢或漆面防腐钢管。

4.4 栏杆、扶手饰面材料见表1。

表1 栏杆、扶手饰面材料

栏杆、扶手	饰面材料
不锈钢	油漆、喷塑、烤漆
钢管	普通、抛光、拉丝、镀钛

5. 施工要求

5.1 所有焊缝要求满焊，并打平磨光。

5.2 栏杆和扶手的构件尺寸应加工准确,安装牢固可靠，位置符合设计要求。

5.3 法兰盘一般用建筑胶粘剂粘结固定。

5.4 栏杆下面的混凝土，务必浇捣密实。

5.5 栏杆不锈钢管性能应符合GB/T 1220—2007《不锈钢棒》中304型不锈钢的要求。

库坝区栏杆设计总说明										
审查			校核			设计			页	1

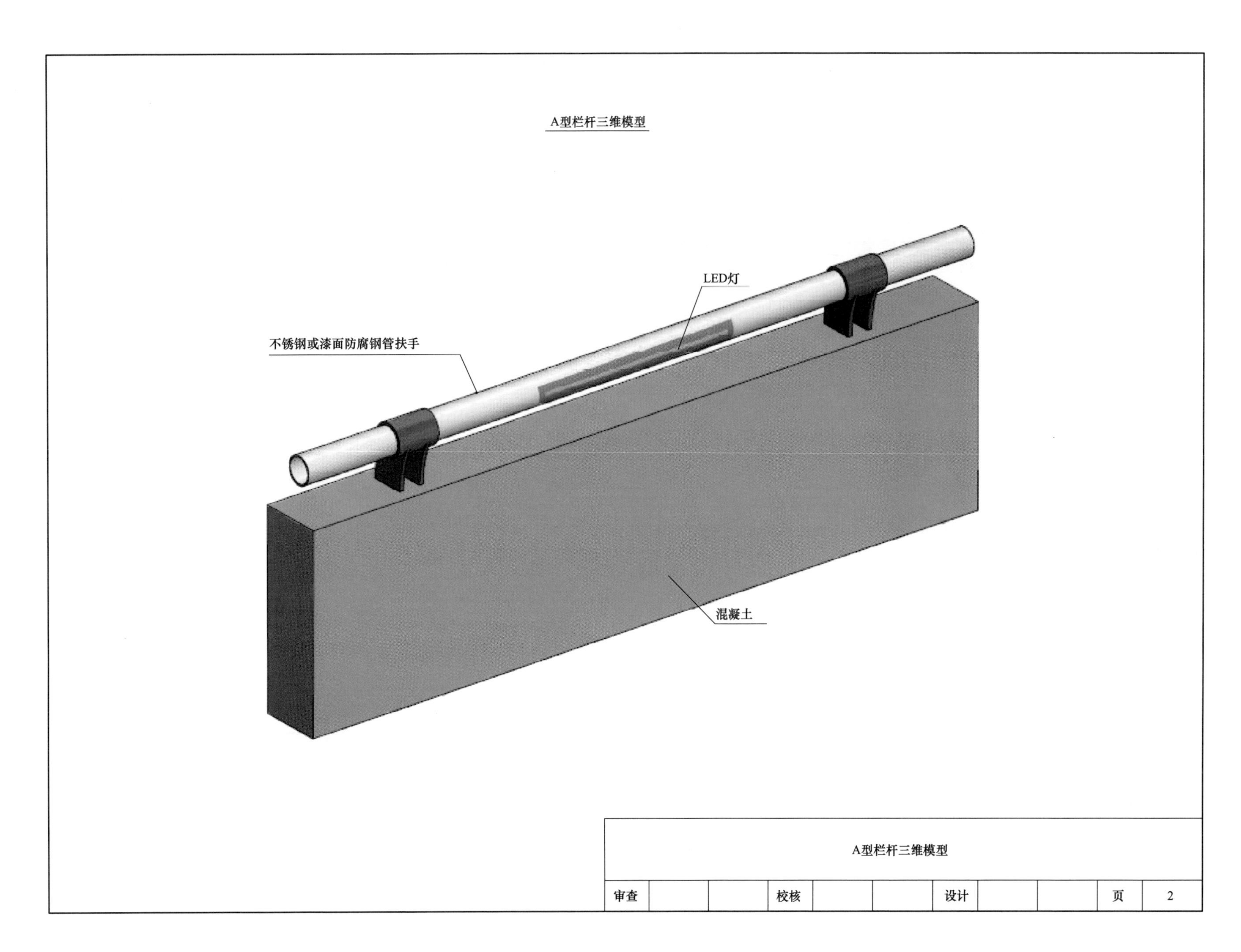
A型栏杆三维模型
LED灯
不锈钢或漆面防腐钢管扶手
混凝土
A型栏杆三维模型
审查
校核
设计
页
2

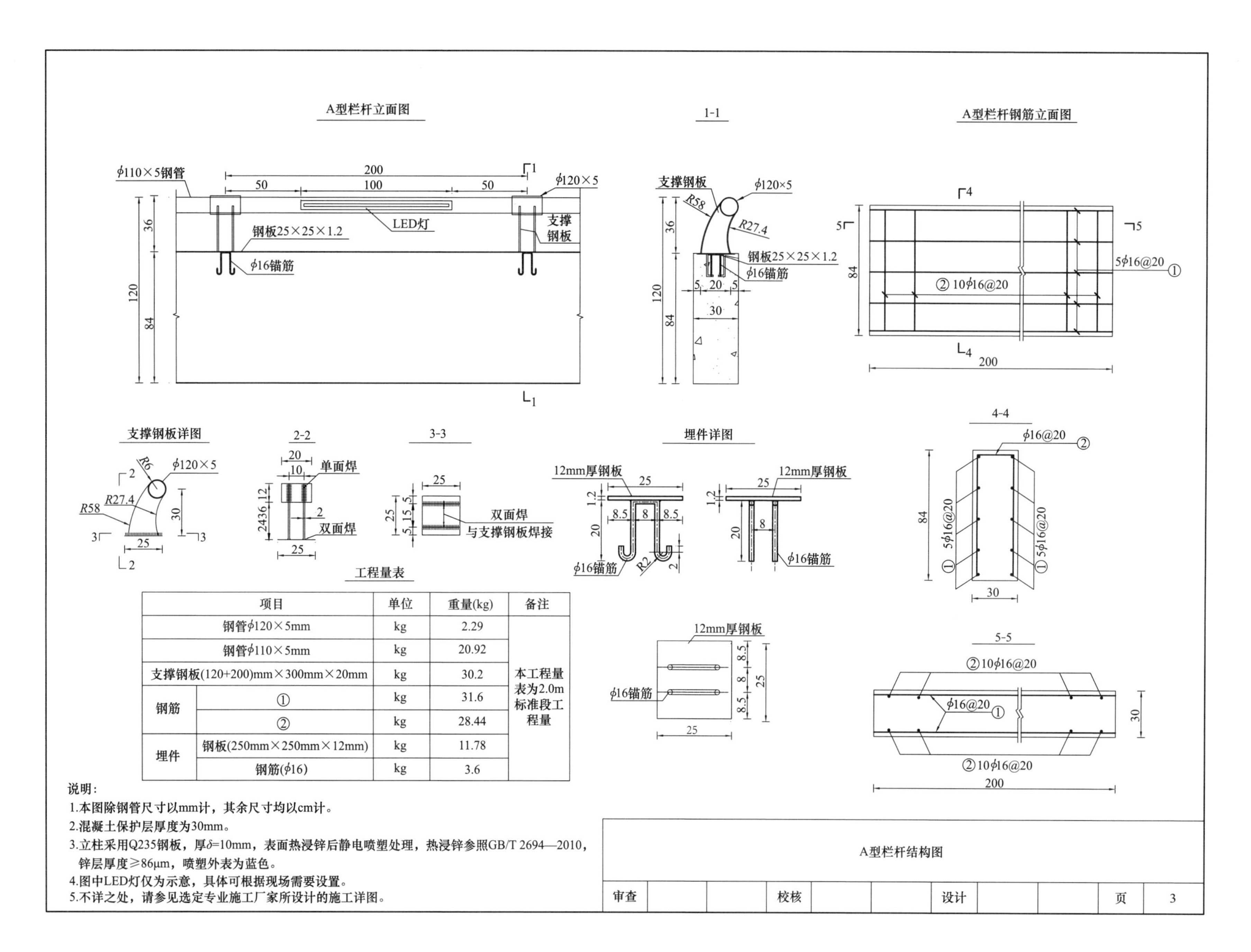

工程量表

项目		单位	重量(kg)	备注
钢管ϕ120×5mm		kg	2.29	本工程量表为2.0m标准段工程量
钢管ϕ110×5mm		kg	20.92	
支撑钢板(120+200)mm×300mm×20mm		kg	30.2	
钢筋	①	kg	31.6	
	②	kg	28.44	
埋件	钢板(250mm×250mm×12mm)	kg	11.78	
	钢筋(ϕ16)	kg	3.6	

说明：

1.本图除钢管尺寸以mm计，其余尺寸均以cm计。

2.混凝土保护层厚度为30mm。

3.立柱采用Q235钢板，厚δ=10mm，表面热浸锌后静电喷塑处理，热浸锌参照GB/T 2694—2010，锌层厚度≥86μm，喷塑外表为蓝色。

4.图中LED灯仅为示意，具体可根据现场需要设置。

5.不详之处，请参见选定专业施工厂家所设计的施工详图。

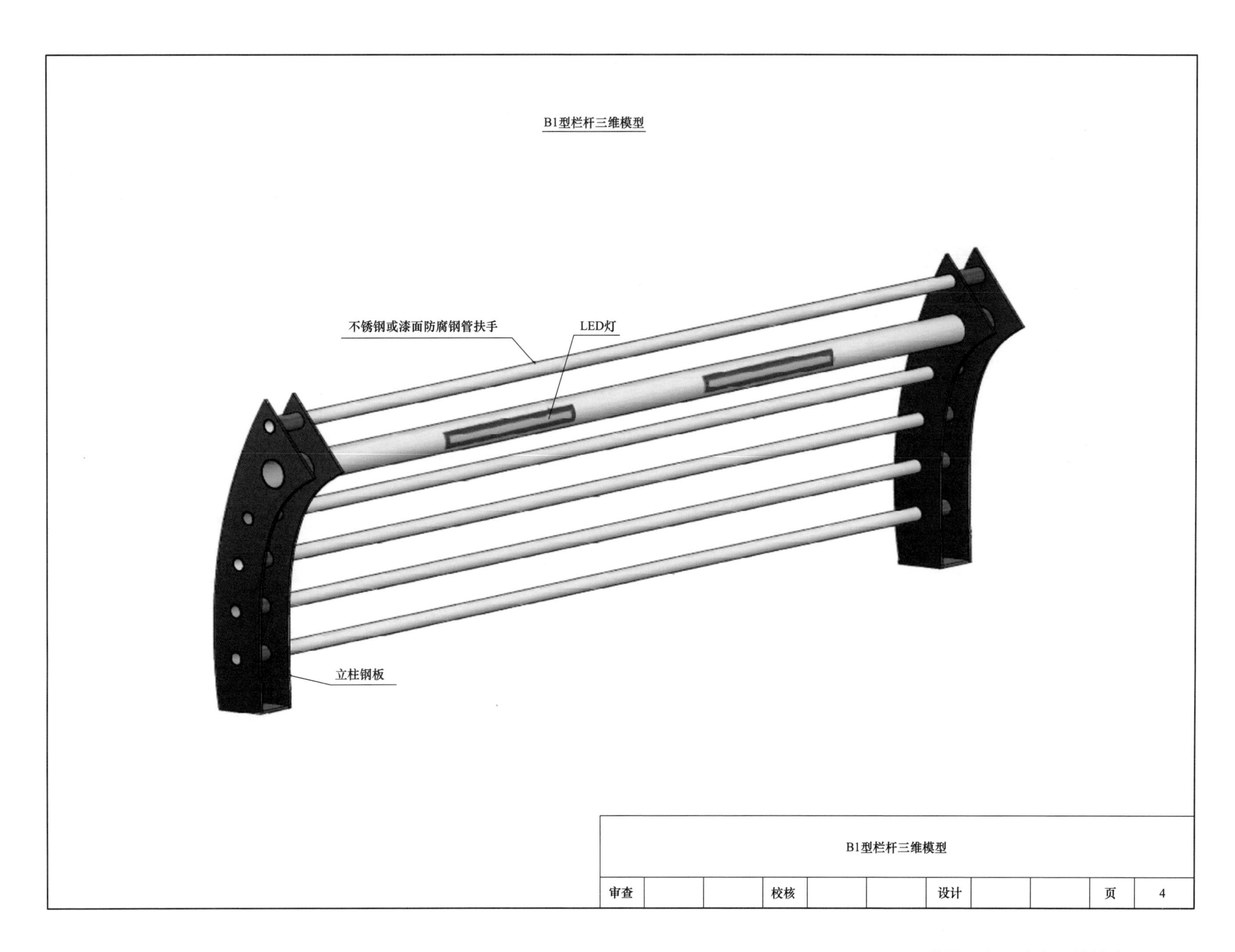
B1型栏杆三维模型
不锈钢或漆面防腐钢管扶手
LED灯
立柱钢板
B1型栏杆三维模型
审查
校核
设计
页
4

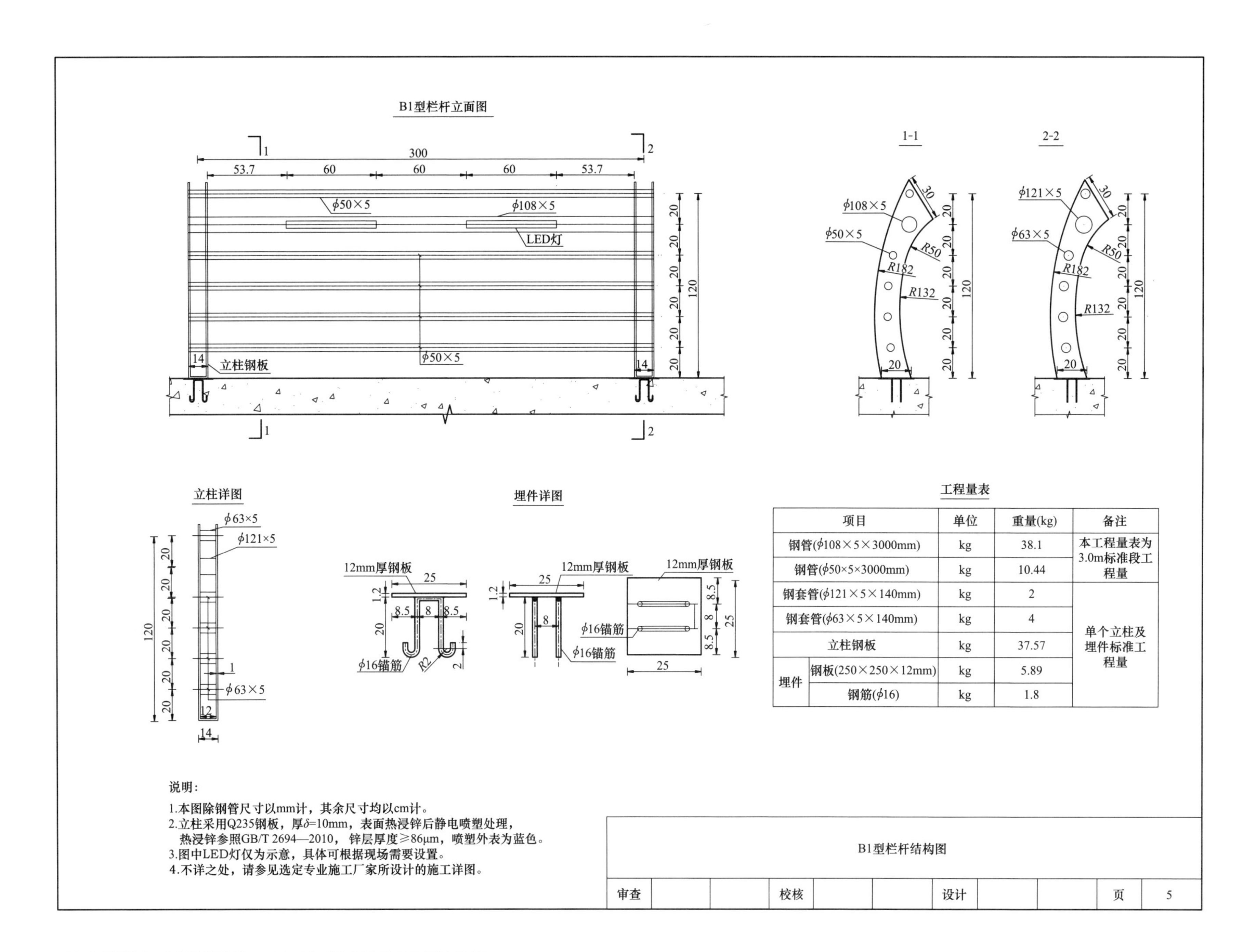

项目		单位	重量(kg)	备注
钢管(φ108×5×3000mm)		kg	38.1	本工程量表为3.0m标准段工程量
钢管(φ50×5×3000mm)		kg	10.44	
钢套管(φ121×5×140mm)		kg	2	单个立柱及埋件标准工程量
钢套管(φ63×5×140mm)		kg	4	
立柱钢板		kg	37.57	
埋件	钢板(250×250×12mm)	kg	5.89	
	钢筋(φ16)	kg	1.8	

说明：

1.本图除钢管尺寸以mm计，其余尺寸均以cm计。

2.立柱采用Q235钢板，厚δ=10mm，表面热浸锌后静电喷塑处理，热浸锌参照GB/T 2694—2010，锌层厚度≥86μm，喷塑外表为蓝色。

3.图中LED灯仅为示意，具体可根据现场需要设置。

4.不详之处，请参见选定专业施工厂家所设计的施工详图。

B1型栏杆结构图									
审查			校核			设计			页 5

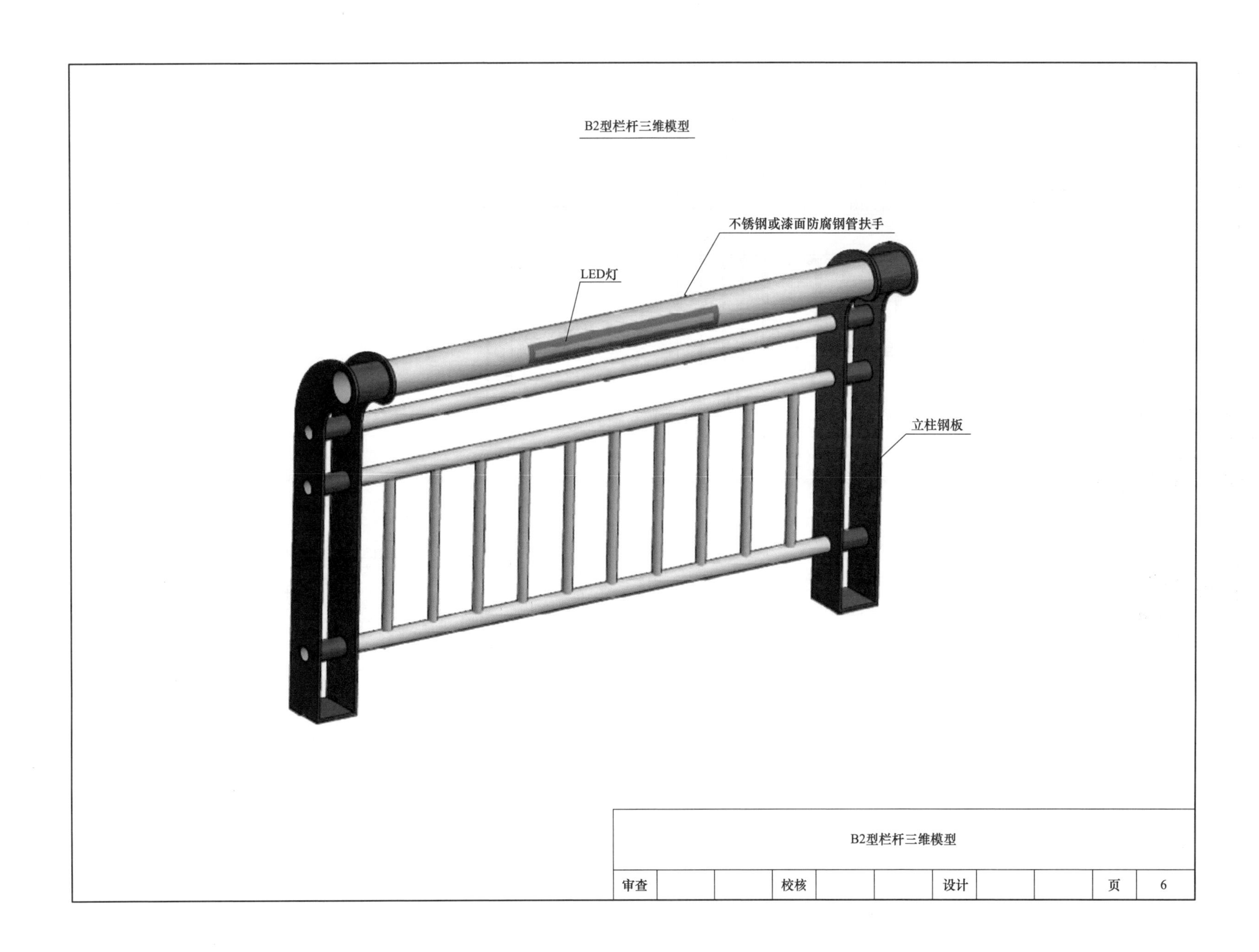
B2型栏杆三维模型
不锈钢或漆面防腐钢管扶手
LED灯
立柱钢板
B2型栏杆三维模型
审查
校核
设计
页
6

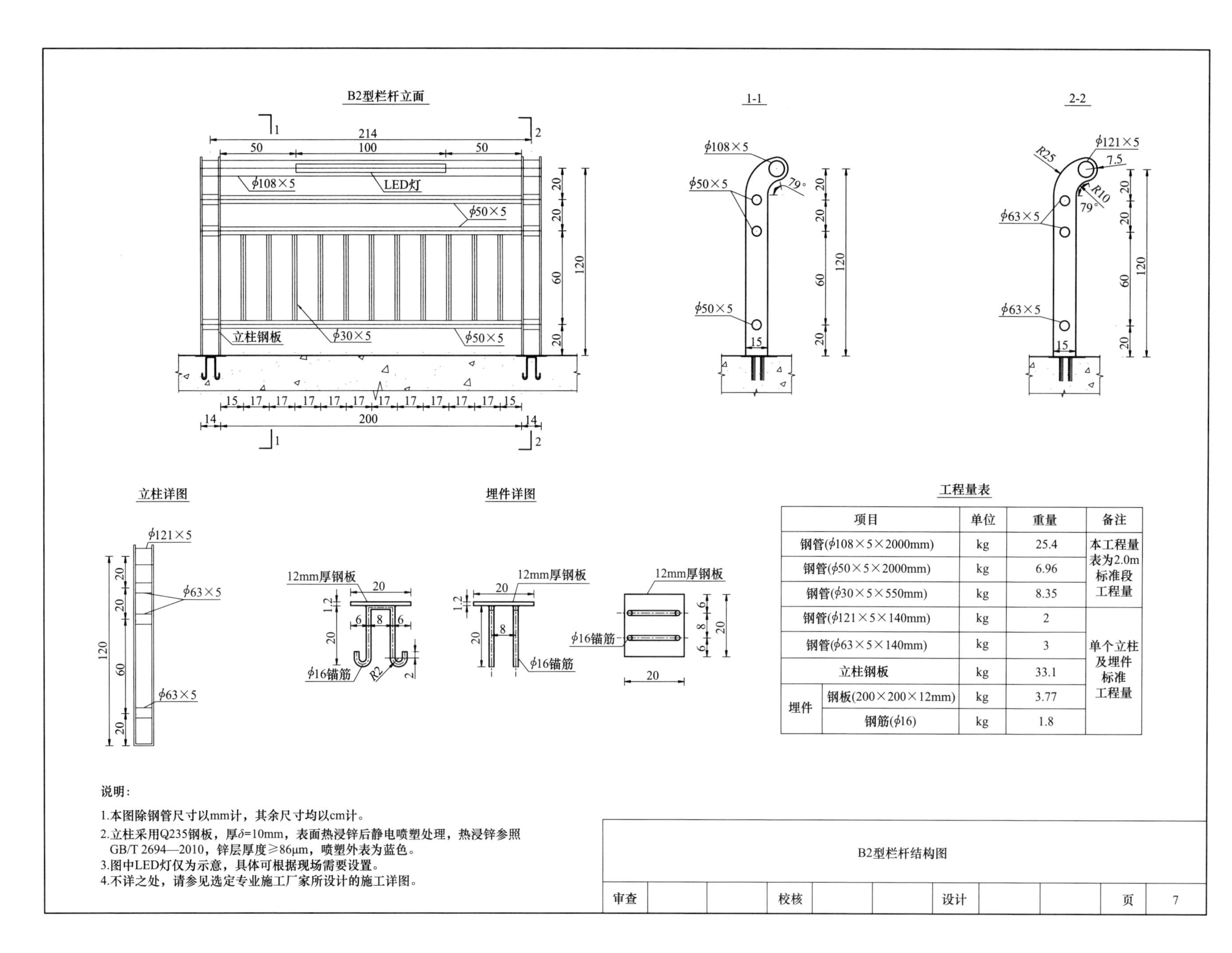

工程量表

项目		单位	重量	备注
钢管(ϕ108×5×2000mm)		kg	25.4	本工程量表为2.0m标准段工程量
钢管(ϕ50×5×2000mm)		kg	6.96	
钢管(ϕ30×5×550mm)		kg	8.35	
钢管(ϕ121×5×140mm)		kg	2	单个立柱及埋件标准工程量
钢管(ϕ63×5×140mm)		kg	3	
立柱钢板		kg	33.1	
埋件	钢板(200×200×12mm)	kg	3.77	
	钢筋(ϕ16)	kg	1.8	

说明:

1.本图除钢管尺寸以mm计，其余尺寸均以cm计。
2.立柱采用Q235钢板，厚δ=10mm，表面热浸锌后静电喷塑处理，热浸锌参照GB/T 2694—2010，锌层厚度≥86μm，喷塑外表为蓝色。
3.图中LED灯仅为示意，具体可根据现场需要设置。
4.不详之处，请参见选定专业施工厂家所设计的施工详图。

附录4　防浪墙爬梯设计总说明

1. 编制依据

GB 4053.1—2009　固定式钢梯及平台安全要求

GB 50009—2012　建筑结构荷载规范

GB 50017—2017　钢结构设计标准

GB 50205—2001　钢结构工程施工质量验收规范

GB 50352—2019　民用建筑设计统一标准

Q/GDW 46　国网新源控股有限公司企业标准　第1部分：钢直梯

2. 适用范围

2.1 本图册适用于抽水蓄能电站坝顶防浪墙爬梯设计。

3. 设计要点

3.1 本图册中未注明的尺寸单位均为cm。

3.2 钢爬梯应与其固定的结构表面平行并尽可能垂直水平面设置。当受条件限制不能垂直水平面时，两梯梁中心线所在平面与水平面倾角应在 75°~90°范围内。

3.3 设计荷载。

3.3.1 梯梁设计载荷按组装固定后其上端承受2kN垂直集中活载荷计算(高度按支撑间距选取，无中间支撑时按两端固定点距离选取)。在任何方向上的挠曲变形应不大于2mm。

3.3.2 踏棍设计载荷按在其中点承受1kN垂直集中活载荷计算。允许挠度不大于踏棍长度的1/250。

3.3.3 每对梯子支撑及其连接件应能承受3kN的垂直载荷及0.5kN的拉出载荷。

3.4 对于高度小于2m的爬梯可不设护栏，对于要设护栏的爬梯距地面1.8m高度内可不设护栏。

4. 材料

4.1 钢直梯采用钢材的力学性能应不低于Q235-B，并具有碳含量合格保证。

4.2 支撑宜采用角钢、钢板或钢板焊接成T型钢制作,埋没或焊接时必须牢固可靠。

5. 制造安装

5.1 钢直梯应采用焊接连接，焊接要求应符合GB 50205的规定。采用其他方式连接时，连接强度应不低于焊接。安装后的梯子不应有歪斜、扭曲、变形及其他缺陷。

5.2 制造安装工艺应确保梯子及其所有部件的表面光滑、无锐边、尖角、毛刺或其他可能对梯子使用者造成伤害或妨碍其通过的外部缺陷。

5.3 安装在固定结构上的钢直梯,应下部固定,其上部的支撑与固定结构牢固连接，在梯梁上开设长圆孔,采用螺栓连接。

5.4 固定在设备上的钢直梯当温差较大时,相邻支撑中应一对支撑完全固定,另一对支撑在梯梁上开设长圆孔,采用螺栓连接。

6. 防锈及防腐蚀

6.1 应对其至少涂一层底漆和一层(或多层)面漆:或进行热浸镀锌,或采用等效的金属保护方法。

防浪墙爬梯设计总说明									
审查			校核			设计		页	1

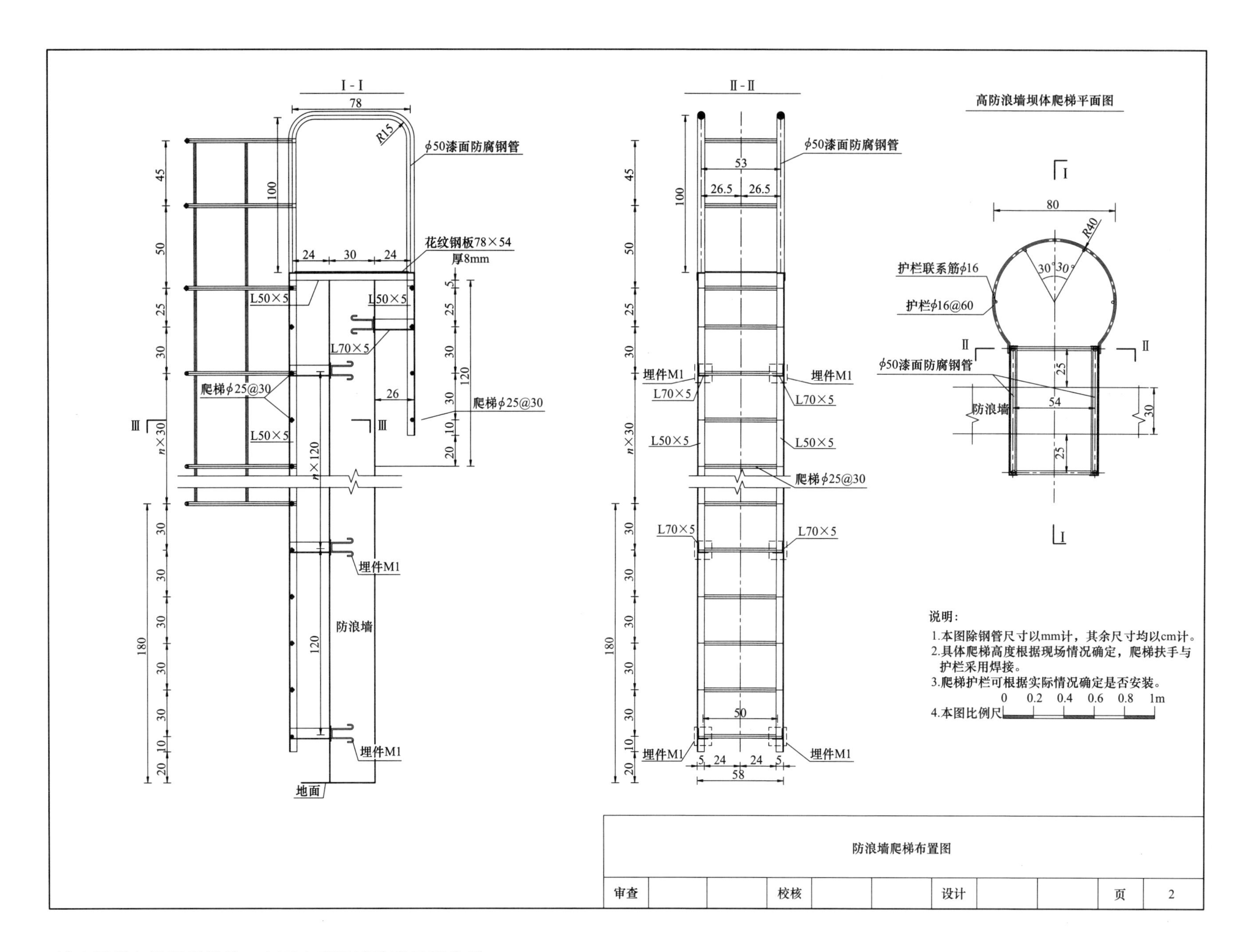
I-I
Ⅱ-Ⅱ
高防浪墙坝体爬梯平面图
φ50漆面防腐钢管
R15
花纹钢板78×54
厚8mm
L50×5
L70×5
爬梯φ25@30
埋件M1
防浪墙
地面
护栏联系筋φ16
护栏φ16@60
R40
说明：
1.本图除钢管尺寸以mm计，其余尺寸均以cm计。
2.具体爬梯高度根据现场情况确定，爬梯扶手与护栏采用焊接。
3.爬梯护栏可根据实际情况确定是否安装。
4.本图比例尺
0 0.2 0.4 0.6 0.8 1m
防浪墙爬梯布置图
审查
校核
设计
页
2

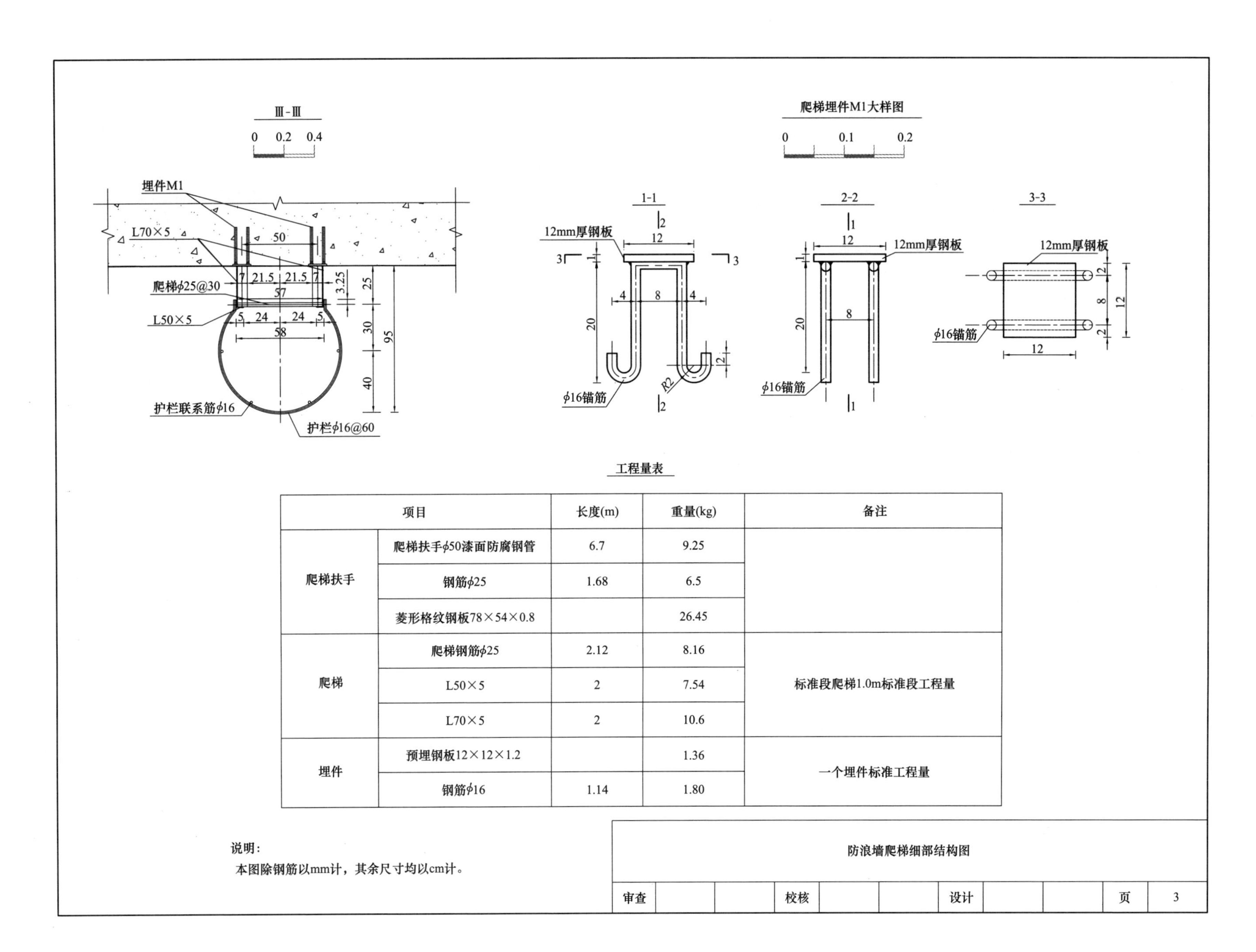

工程量表

项目		长度(m)	重量(kg)	备注
爬梯扶手	爬梯扶手φ50漆面防腐钢管	6.7	9.25	
	钢筋φ25	1.68	6.5	
	菱形格纹钢板78×54×0.8		26.45	
爬梯	爬梯钢筋φ25	2.12	8.16	标准段爬梯1.0m标准段工程量
	L50×5	2	7.54	
	L70×5	2	10.6	
埋件	预埋钢板12×12×1.2		1.36	一个埋件标准工程量
	钢筋φ16	1.14	1.80	

说明:

本图除钢筋以mm计，其余尺寸均以cm计。

防浪墙爬梯细部结构图									
审查			校核			设计		页	3

附录5　地表工程边坡表面排水设计总说明

1. 编制依据

GB 50330—2013　建筑边坡工程技术规范

DL/T 5255—2010　水电水利工程边坡施工技术规范

DL/T 5353—2006　水电水利工程边坡设计规范

JTG/T D33—2012　公路排水设计规范

Q/GDW 46　国网新源控股有限公司企业标准

2. 适用范围

2.1 本图册适用于抽水蓄能电站工程区各类边坡坡顶截水、坡脚及马道排水等地表排水布置设计。

3. 设计原则

3.1 边坡综合治理时，应根据地形地质条件因地制宜地进行边坡地表截水和排水系统设计。

3.2 地表工程边坡排水工程应和电站周围环境景观相协调，满足环保、水保要求。

3.3 本图册中所示排水沟及截水沟仅为示意图，其断面尺寸参照“地表工程排水沟(截水沟)断面通用设计”部分。

3.4 截、排水沟布置宜将地表水引至附近冲沟、排水沟或河流中，避免形成冲刷。

3.5 截、排水沟宜采用梯形或矩形断面，护面材料宜采用混凝土，混凝土强度等级C25。

3.6 坡顶截水沟应结合地形和地质条件设置，宜设在挖方边坡坡口或潜在塌滑区后缘5m。

3.7 当流入坡脚的地表径流量大时，应设置拦截地表径流的截水沟，高边坡径流量大时，可在边坡中部设置马道排水沟，减少坡面冲刷。

3.8 土质边坡应设置马道排水沟和坡顶截水沟；岩石边坡应根据坡面防护、地形、地质和水文条件综合确定。

3.9 边坡表层的锚喷支护、格构、挡墙等均应配套有系统布置的排水孔，必要时，设置反滤措施。仰斜式排水孔仰角不宜小于5°。

3.10 仰斜式排水孔排出的水宜引入排水沟予以排除，其最下一排的出水口应高于地面，且不应小于200mm。

3.11 岩质边坡表层系统排水孔孔径不应小于50mm，深度不应小于4m。

3.12 主要建筑物周边排水设施应配套检修、清污便道，陡坡处设置踏步。

4. 施工要求

4.1 边坡综合治理时，应根据地形地质条件因地制宜地进行边坡地表截水和排水设施施工前，宜先完成临时排水设施；施工期间，应对临时排水设施进行经常维护，保证排水畅通。

4.2 截水沟和排水沟的水沟线形要平顺，转弯处宜为弧线形。

4.3 仰斜式排水孔成孔直径宜为75~150mm，仰角不应小于5°；孔深应延伸至富水区。

4.4 仰斜式排水管直径宜为50~100mm，排水孔宜采用梅花形排列，渗水段裹1~2层无纺土工布，防止排水孔堵塞。

地表工程边坡表面排水设计总说明									
审查			校核			设计		页	1

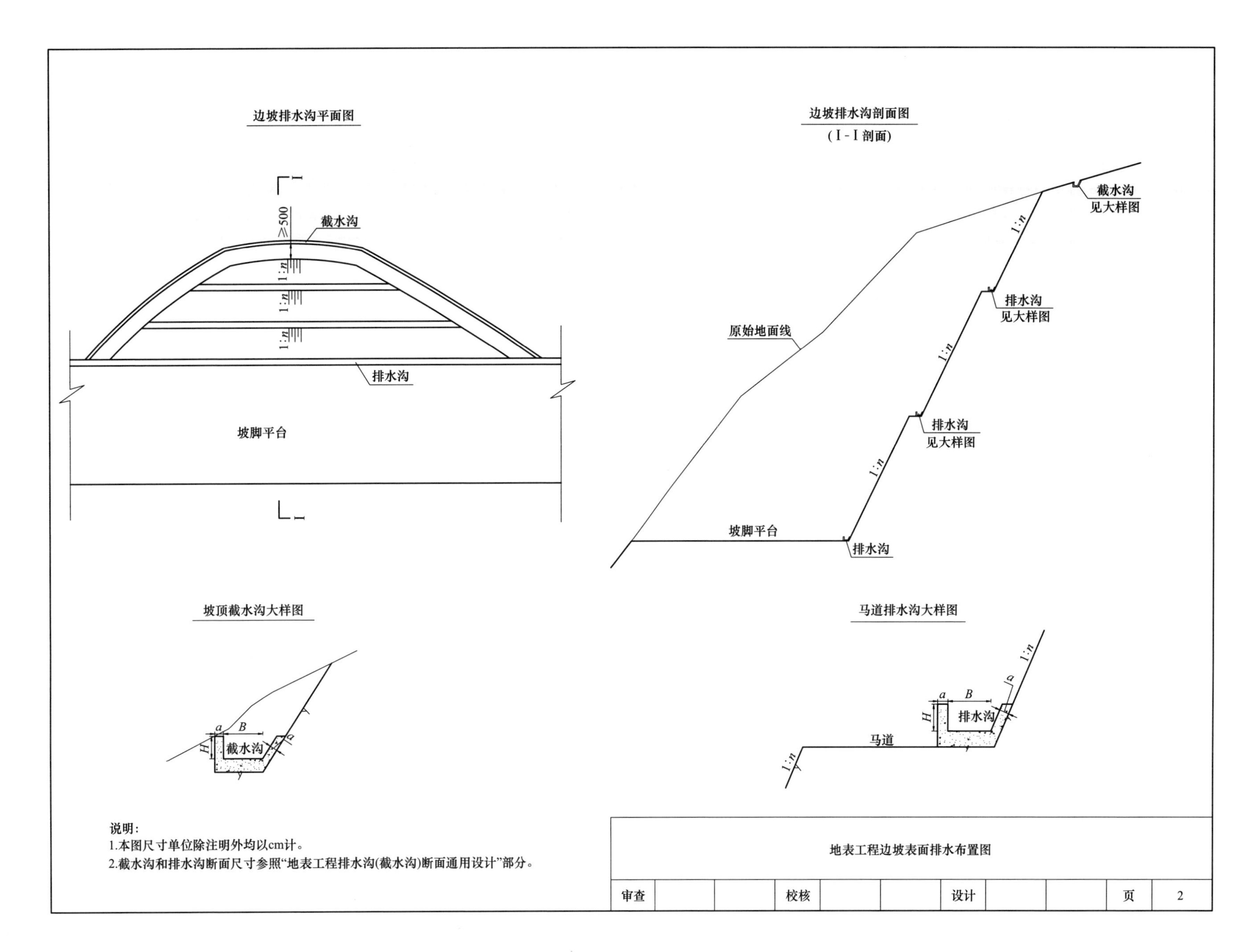
边坡排水沟平面图
I
≥500
截水沟
1∶n
1∶n
1∶n
排水沟
坡脚平台
I
边坡排水沟剖面图
(Ⅰ-Ⅰ剖面)
截水沟
见大样图
1∶n
排水沟
见大样图
1∶n
原始地面线
排水沟
见大样图
1∶n
坡脚平台
排水沟
坡顶截水沟大样图
a
B
H
截水沟
马道排水沟大样图
1∶n
a
B
a
H
排水沟
马道
1∶n
说明：
1.本图尺寸单位除注明外均以cm计。
2.截水沟和排水沟断面尺寸参照"地表工程排水沟(截水沟)断面通用设计"部分。
地表工程边坡表面排水布置图
审查
校核
设计
页
2

附录6 边坡支护及绿化设计总说明

1. 编制依据

GB 50086—2015 岩土锚杆与喷射混凝土支护工程技术规范

GB 50330—2013 建筑边坡工程技术规范

DL/T 5255—2010 水电水利工程边坡施工技术规范

DL/T 5353—2006 水电水利工程边坡设计规范

Q/GDW 46 国网新源控股有限公司企业标准

2. 适用范围

2.1 本图册适用于抽水蓄能电站工程区边坡自身稳定的各类地表开挖边坡的护坡防护及绿化设计。

3. 设计要点

3.1 护坡绿化形式的选择要综合考虑当地气候、水文地质、工程地质、边坡高度、环境条件、施工条件、材料来源以及工期等综合因素。

3.2 地表工程边坡防护绿化设计应和电站周围环境景观相协调。

3.3 本图册中所示排水沟及截水沟仅为示意图，其边坡排水系统应根据需要另行专门设计。

4. 边坡绿化设计分类

主要包括三维植被网护坡、TBS植被护坡、骨架植物护坡和植物护坡等绿化设计。

4.1 三维植被网护坡绿化设计

4.1.1 材料要求

4.1.1.1 草种应根据气候区划进行选型，应具有优良的抗逆性，并采用两种以上的草种进行混播。

4.1.1.2 三维植被网采用NSS塑料三维土工网，其纵横向拉伸强度不得低于4kN/m，抗光老化等级应达到Ⅲ级，其他性能指标应符合JTG E50—2006《公路工程土工合成材料试验规程》规定。

4.1.1.3 钢筋为HRB400级钢筋，U形锚钉、固定钉、钢钉均为HPB300级钢筋，长度应根据边坡岩层风化程度调整。钢垫板采用Q345B级钢。钢筋、钢板均做除锈和涂防锈油漆处理。

4.1.2 施工工序

平整坡面(人工平整，清除所有岩石、碎泥块、植物、垃圾，回填改良土时厚度为100mm，需改良土壤的pH值时，应提前1个月进行)—排水设施施工(开挖宽300mm、深度不小于200mm矩形沟槽，根据坡面过流量大小考虑是否设置坡面横向排水沟)—锚杆支护施工—回填改良土(轻轻压实，洒水润湿厚度10~30mm，保证回填改良土稳定)—铺三维植被网(顺坡铺设、防止网格悬空，网格间横向搭接宽度为100mm，纵向搭接宽度为150mm)或铺设镀锌网—喷播施工(按设计比例配合草种、木纤维、保水剂、粘合剂、染色剂及水的混合物料，均匀播种)或喷射基材混合物(绿化基材、纤维、植壤土、水泥等按一定配比形成)—盖无纺布(雨季施工避免雨水冲刷，也可采用稻草、秸秆编织席覆盖)—前期养护(洒水养护不少于45d，定期进行病虫害防治、追肥，草种发芽后及时补播)。

4.1.3 注意事项

4.1.3.1 当新砌筑边坡平台时，应将平台处三维植被网连通；若利用原有边坡平台时，应在平台顶面抹厚30mm M7.5砂浆，确保地表水不浸入坡体。

4.1.3.2 三维植被网埋入边坡平台顶面以下120mm，埋入长度不小于200mm，埋入坡脚土内为300mm。

4.1.3.3 坡面上按设计锚杆位置放样，采用38~42螺纹锚杆钻孔，按设计要求冲孔，插入锚杆后在孔内灌入1：3水泥砂浆固定钢钎。

4.1.3.4 按设计要求弯制钢筋，并除锈、涂防锈油漆，悬挂在坡面外的锚杆必须套上内径为25mm聚乙烯或聚丙烯塑料软管，管内所有空隙用油脂填充，并密封端部。

4.1.3.5 施工宜在春季和秋季进行，应尽量避免在暴雨季节施工。在干旱、半干旱地区应保证养护用水的持续供给。

4.2 TBS植被护坡绿化设计

4.2.1 材料要求

4.2.1.1 TBS植物护坡绿化采用镀锌铁丝网，网孔50mm×50mm。

4.2.2 施工工序

平整坡面(人工平整，清除所有岩石、碎泥块、植物、垃圾)—排水设施施工(开挖宽300mm、深度不小于200mm矩形沟槽，根据坡面过流量大小考虑是否设置坡面横向排水沟)—锚杆支护施工—铺设镀锌网—喷射基材混合物(绿化基材、纤维、植壤土、水泥等按一定配比形成)—前期养护(洒水养护不少于45d，定期进行病虫害防治、追肥，草种发芽后及时补播)。

4.2.3 注意事项

4.2.3.1 按设计要求弯制钢筋，并除锈、涂防锈油漆，悬挂在坡面外的锚杆必须套上内径为25mm聚乙烯或聚丙烯塑料软管，管内所有空隙用油脂填充，并密封端部。

4.2.3.2 施工宜在春季和秋季进行，应尽量避免在暴雨季节施工。在干旱、半干旱地区应保证养护用水的持续供给。

边坡支护及绿化设计总说明(一)									
审查			校核			设计			页	1

4.3 骨架植物护坡绿化设计

骨架植物护坡绿化设计包括拱形骨架植物护坡绿化设计和方格形骨架植物护坡绿化设计。

4.3.1 材料要求

4.3.1.1 骨架材料混凝土强度不低于C20。

4.3.1.2 骨架网格内可以采用种草或者其他辅助防护措施。草种应根据气候区划进行选型，要求有优良的抗逆性，并采用两种以上的草种进行混播。

4.3.2 施工注意事项

4.3.2.1 施工一般宜在春季和秋季进行，应尽量避免在暴雨季节施工。

4.3.2.2 骨架砌好后，如路基土不适合于植物生长，则应在骨架网格内填充改良客土，充填时要使用振动板使之密实，靠近表面时用潮湿的黏土回填。

4.3.2.3 施工时砌筑骨架应保证骨架紧贴边坡，流水面与草皮表面平顺。

4.3.2.4 护坡每隔10~20m设伸缩缝一道，缝宽20mm，缝内用闭孔泡沫板填塞。

4.3.2.5 护坡高度超过8m时，两级护坡之间需设置1.5~2.0m宽的分级平台。

4.3.2.6 拱形骨架植物护坡必须在路基稳定沉实后砌筑，砌筑前必须将坡面整平、拍实，不得有凹凸现象。

4.3.2.7 预制正方形混凝土框格，内框边长550mm，外框边长650mm，框格宽50mm，高150mm。

4.3.2.8 框格节点间用M7.5号砂浆砌牢。

4.3.2.9 骨架如采用水泥混凝土材料，水泥混凝土预制块方格相邻边应相互垂直，并与水平线成45°。

4.3.2.10 雨季施工时，为使草种免受雨水冲失，并实现保温保暖，应加盖无纺布，以促进草种的发芽生长。也可以采用稻草、秸秆编织席覆盖。

4.4 植物护坡

植物护坡分为种草和种灌木，是最为环保的防护方法之一，在条件允许时宜采用这种护坡方式。包括植草护坡和铺草皮护坡。

4.4.1 植被护坡适宜的边坡高度一般不高于8m。

4.4.2 种草适用于易生长草木的路堤、路堑边坡，不适用于临河受河水冲刷路段。边坡坡率应缓于1∶1.5。

4.4.3 草的种类宜采用易成活、生长快、根系发达、叶茎矮或有匍匐茎的多年生耐旱草种，且最好采用几种草籽混播。

4.4.4 植灌木适用于坡率缓于1∶1.5的边坡。灌木应选用能迅速生长且根深枝密的低矮灌木类。

4.4.5 材料要求。

4.4.5.1 植草护坡一般是由草中、木纤维、保水剂、黏合剂、肥料、染色剂等与水组成的混合物。其材料配比一般是每平方米用水4000mL，纤维200g，黏合剂(纤维素)3~6g，保水剂、复合肥及草种根具体情况而定。

4.5 常用坡面植物选用

4.5.1 东北地区：野牛草、结缕草、紫羊茅、羊茅、匍匐翦股颖、草地早熟禾、白三叶、林地早熟禾、早熟禾、小糠草、高羊茅、异穗苔草、加拿大早熟禾、白颖苔草。

4.5.2 华北地区：野牛草、林地早熟禾、草地早熟禾、白三叶、匍匐翦股颖、加拿大早熟禾、白颖苔草、颖茅苔草。

4.5.3 西北地区：野牛草、林地早熟禾、草地早熟禾、白三叶、匍匐翦股颖、加拿大早熟禾、颖茅苔草、狗牙根草(温暖处)、羊茅、白颖苔草、高羊茅、结缕草、小糠草、紫羊茅。

4.5.4 西南地区：假俭草、紫羊茅、草地早熟禾、白三叶、羊茅、双穗雀稗、高羊茅、小糠草、弓果黍、竹节草、马蹄金、狗牙根草、香根草、多年生黑麦草。

4.5.5 华中、华东地区：假俭草、紫羊茅、草地早熟禾、白三叶、双穗雀稗、小糠草、细叶结缕草、匍匐翦股颖、马尼拉结缕草、香根草、结缕草、早熟禾、狗牙根草。

4.5.6 华南地区：白三叶、假俭草、两耳草、中华结缕草、双穗雀稗、马蹄金、马尼拉结缕草、弓果黍、细叶结缕草、香根草、沟叶结缕草、狗牙根草。

5. 边坡支护设计

主要包括喷射混凝土护坡、挂网喷射混凝土护坡、锚杆挂网喷射混凝土护坡设计。

5.1 喷射混凝土强度不应低于C20，挂网钢筋直径范围6~12mm，钢筋间距10~25cm，喷射混凝土厚度范围10~15cm，锚杆直径范围22~28mm。

5.2 喷射作业应分段进行，喷射顺序自下而上，先喷凹处和孔洞，后喷平处；喷射混凝土防护工程要经常检查、维修；锚杆使用前应平直、除锈、除油；防护工程的周边与未防护坡面衔接处，应严格封闭。

6. 各边坡绿化设计方案适用条件见下表：

序号	护坡绿化类型		适用坡比	适用支护型式	土(石)质
1	三维植被网护坡绿化设计		缓于1∶0.75	锚杆挂网喷射混凝土或挂网喷射混凝土	植物难于生长的土质和强风化软质岩石边坡
2	TBS植被护坡绿化设计		缓于1∶0.5	锚杆挂网喷射基材混合物	硬/软质岩、土石混合、瘠薄土
3	骨架植物护坡绿化设计	拱形截水骨架植草绿化设计	缓于1∶1	锚杆支护或无需支护	土质和全风化岩石边坡
4		方格形截水骨架植物护坡绿化设计			
5	植物护被绿化设计	植草护坡绿化设计	缓于1∶1.5	无需支护	易于植被生长的土质边坡
6		下爬上挂绿化设计	陡于1∶0.5	挂网喷射混凝土或喷射混凝土	较陡边坡且难于植物生长的边坡

边坡支护及绿化设计总说明(二)

审查			校核			设计			页	2

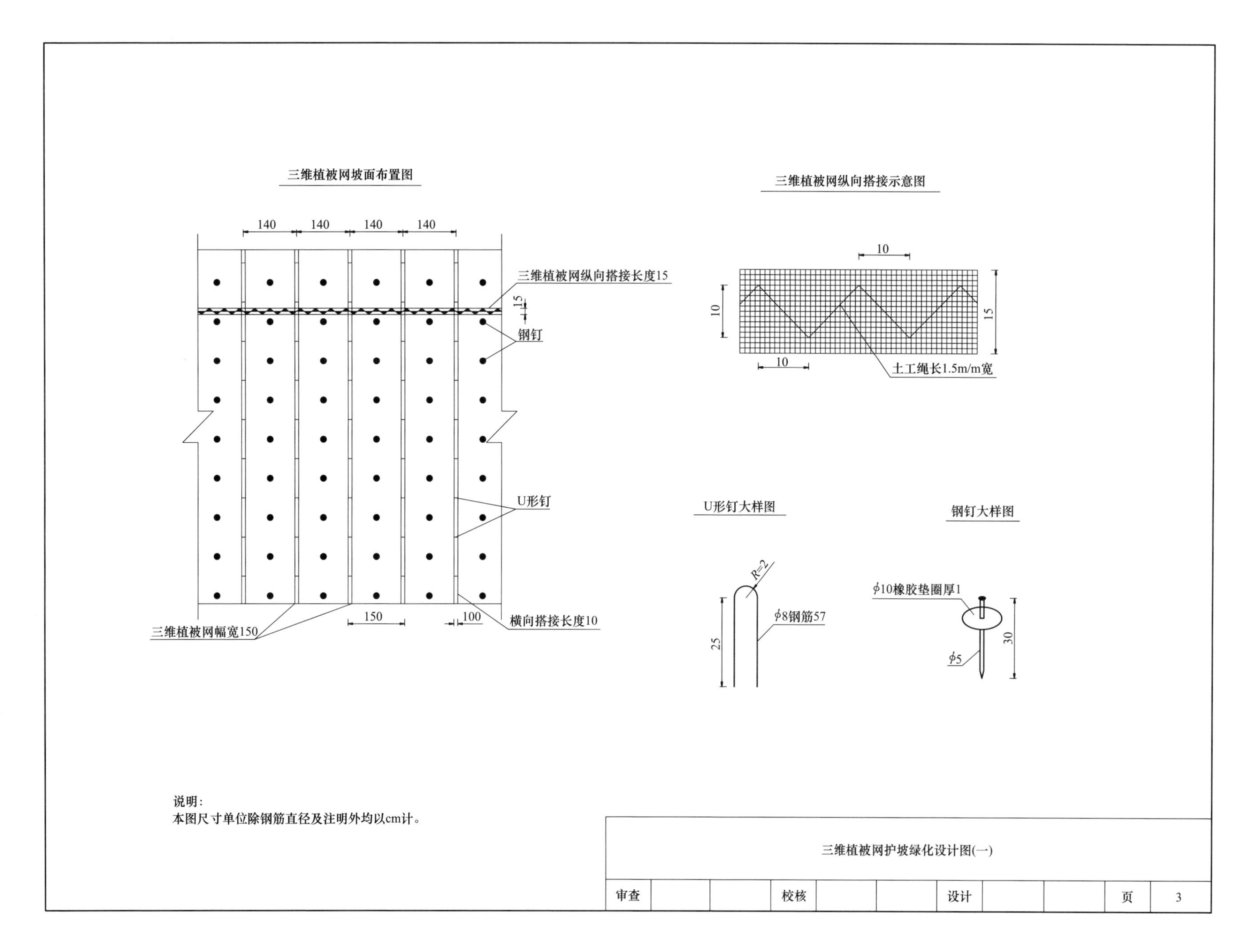
三维植被网坡面布置图
140
140
140
140
三维植被网纵向搭接长度15
15
钢钉
U形钉
三维植被网幅宽150
150
100
横向搭接长度10
三维植被网纵向搭接示意图
10
10
15
10
土工绳长1.5m/m宽
U形钉大样图
R=2
ϕ8钢筋57
25
钢钉大样图
ϕ10橡胶垫圈厚1
30
ϕ5
说明：
本图尺寸单位除钢筋直径及注明外均以cm计。
三维植被网护坡绿化设计图(一)
审查
校核
设计
页
3

三维植被网护坡横断面图

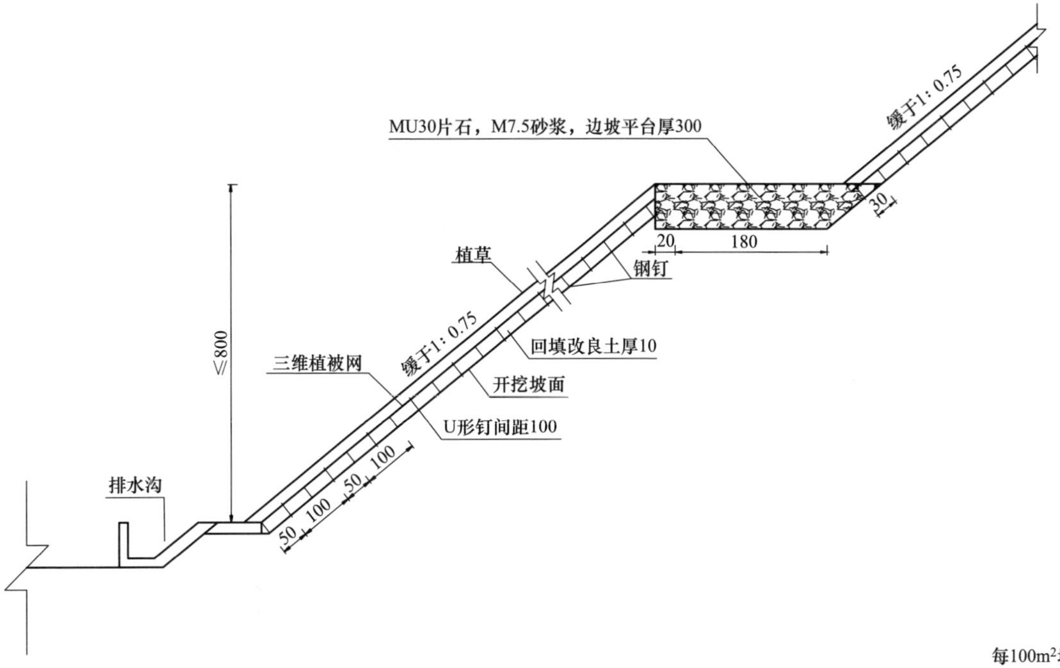

每100m²坡面主要工程数量表

三维植被网 (m^2)	回填改良土 (m^3)	植草 (m^2)	土工绳 (m)	钢钉 (根)	无纺布 (m^2)	U形钉 (根)
110	10	100	75	70	110	70

说明:

1.本图尺寸单位除钢筋直径及注明外均以cm计。

2.非雨季施工时，则不需用无纺布或其他材料覆盖。

三维植被网护坡绿化设计图(二)										
审查			校核			设计			页	4

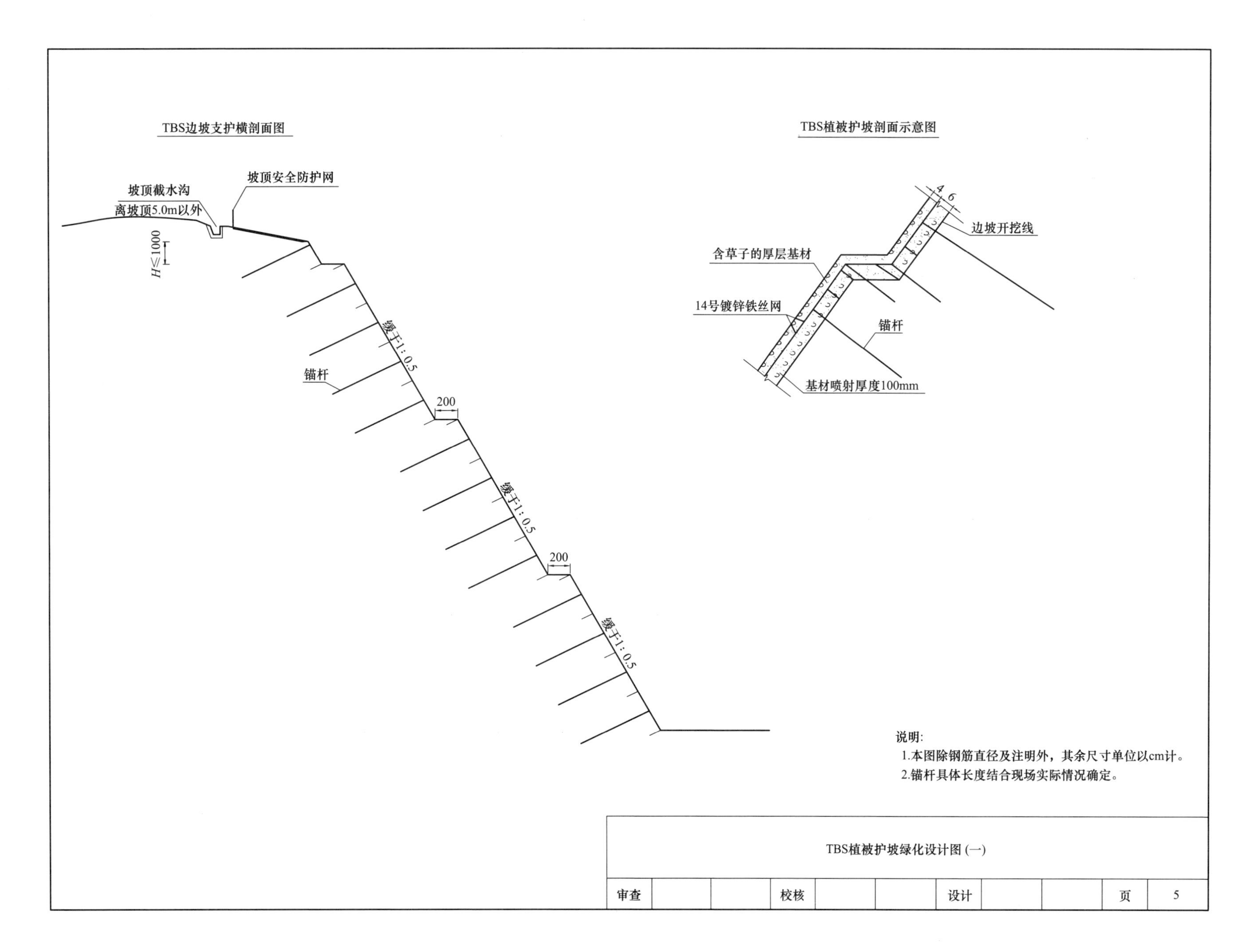
TBS边坡支护横剖面图
坡顶安全防护网
坡顶截水沟
离坡顶5.0m以外
H≤1000
锚杆
缓于1:0.5
200
缓于1:0.5
200
缓于1:0.5
TBS植被护坡剖面示意图
4
6
边坡开挖线
含草子的厚层基材
14号镀锌铁丝网
锚杆
基材喷射厚度100mm
说明:
1.本图除钢筋直径及注明外，其余尺寸单位以cm计。
2.锚杆具体长度结合现场实际情况确定。
TBS植被护坡绿化设计图(一)
审查
校核
设计
页
5

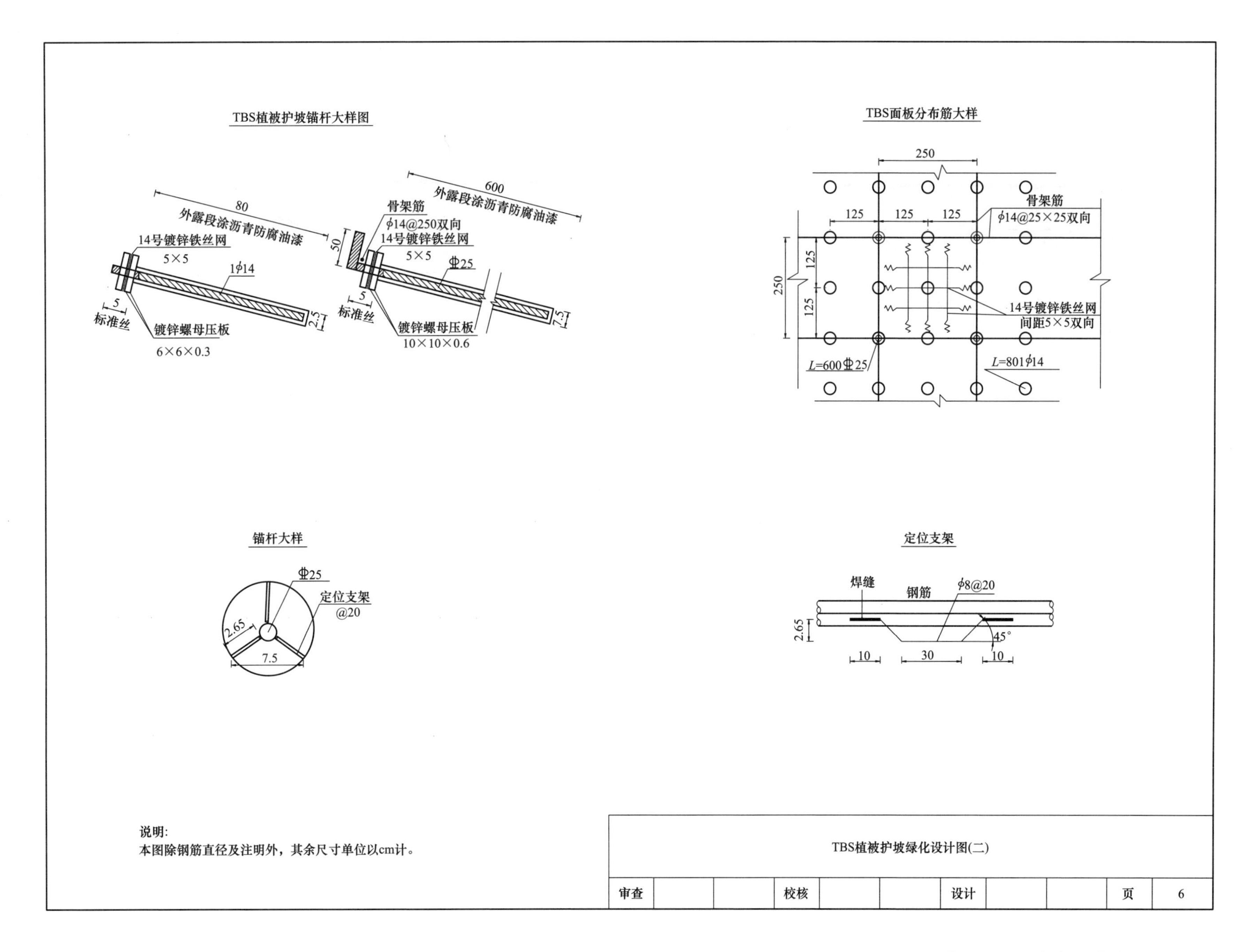
TBS植被护坡锚杆大样图
80
外露段涂沥青防腐油漆
14号镀锌铁丝网
5×5
1ϕ14
5
标准丝
镀锌螺母压板
6×6×0.3
2.5
600
外露段涂沥青防腐油漆
骨架筋
ϕ14@250双向
50
14号镀锌铁丝网
5×5
Φ25
5
标准丝
镀锌螺母压板
10×10×0.6
7.5
TBS面板分布筋大样
250
125
125
125
骨架筋
ϕ14@25×25双向
250
125
125
14号镀锌铁丝网
间距5×5双向
L=600Φ25
L=801ϕ14
锚杆大样
Φ25
定位支架
@20
2.65
7.5
定位支架
焊缝
钢筋
ϕ8@20
2.65
45°
10
30
10
说明:
本图除钢筋直径及注明外，其余尺寸单位以cm计。
TBS植被护坡绿化设计图(二)
审查
校核
设计
页
6

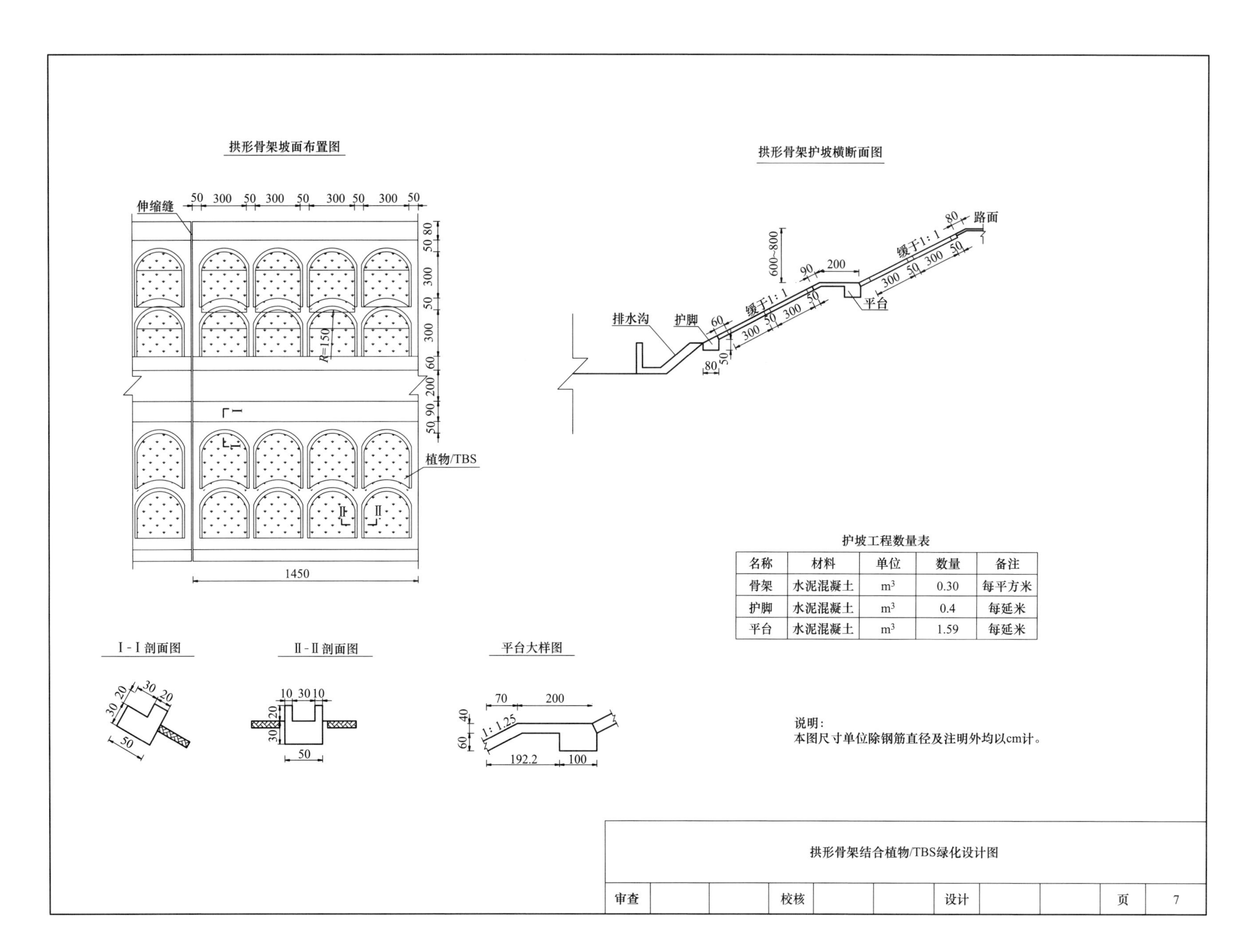

护坡工程数量表

名称	材料	单位	数量	备注
骨架	水泥混凝土	m^3	0.30	每平方米
护脚	水泥混凝土	m^3	0.4	每延米
平台	水泥混凝土	m^3	1.59	每延米

方格形截水骨架坡面布置图

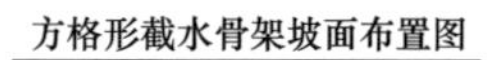

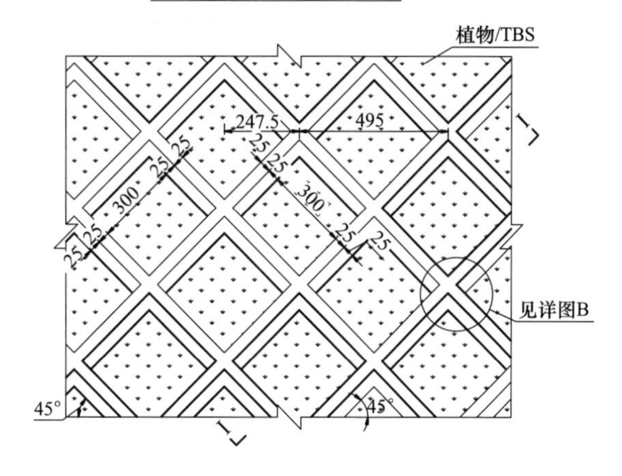

方格形截水骨架护坡横断面图

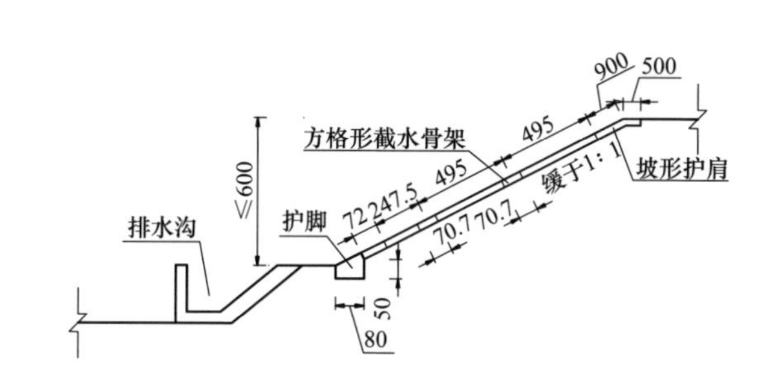

I - I 剖面图

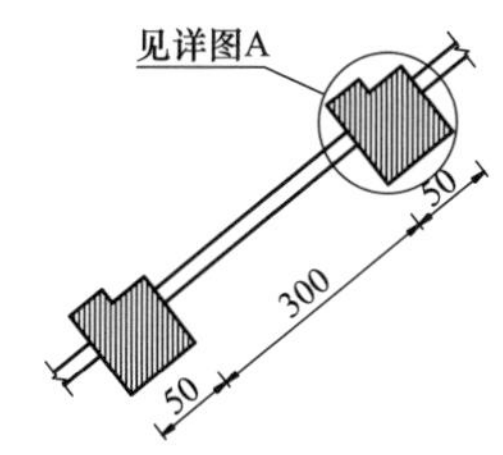

详图A

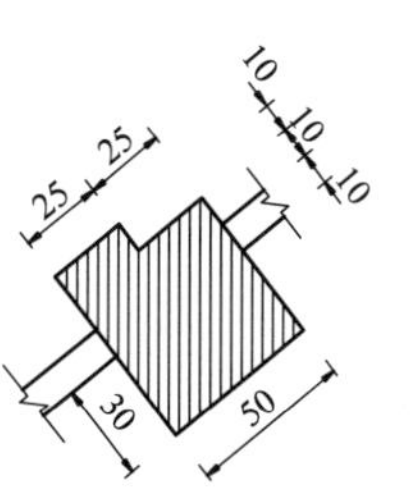

详图B

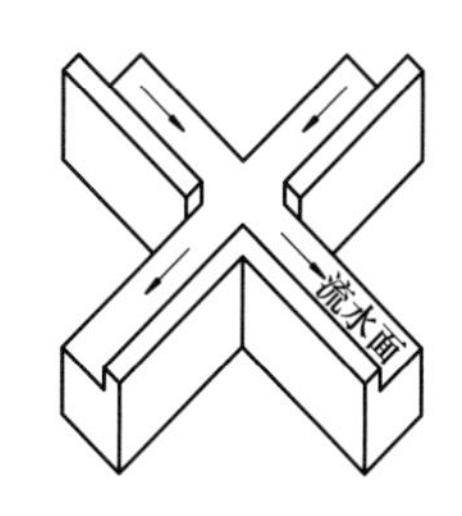

护坡工程数量表

名称	材料	单位	数量	备注
骨架	水泥混凝土	m^3	0.3	每延米
护脚及平台	水泥混凝土	m^3	1.99	每延米
护肩	水泥混凝土	m^3	0.6	每延米

说明：
本图尺寸单位除钢筋直径及注明外均以cm计。

方格形骨架结合植物/TBS绿化设计图									
审查			校核			设计		页	8

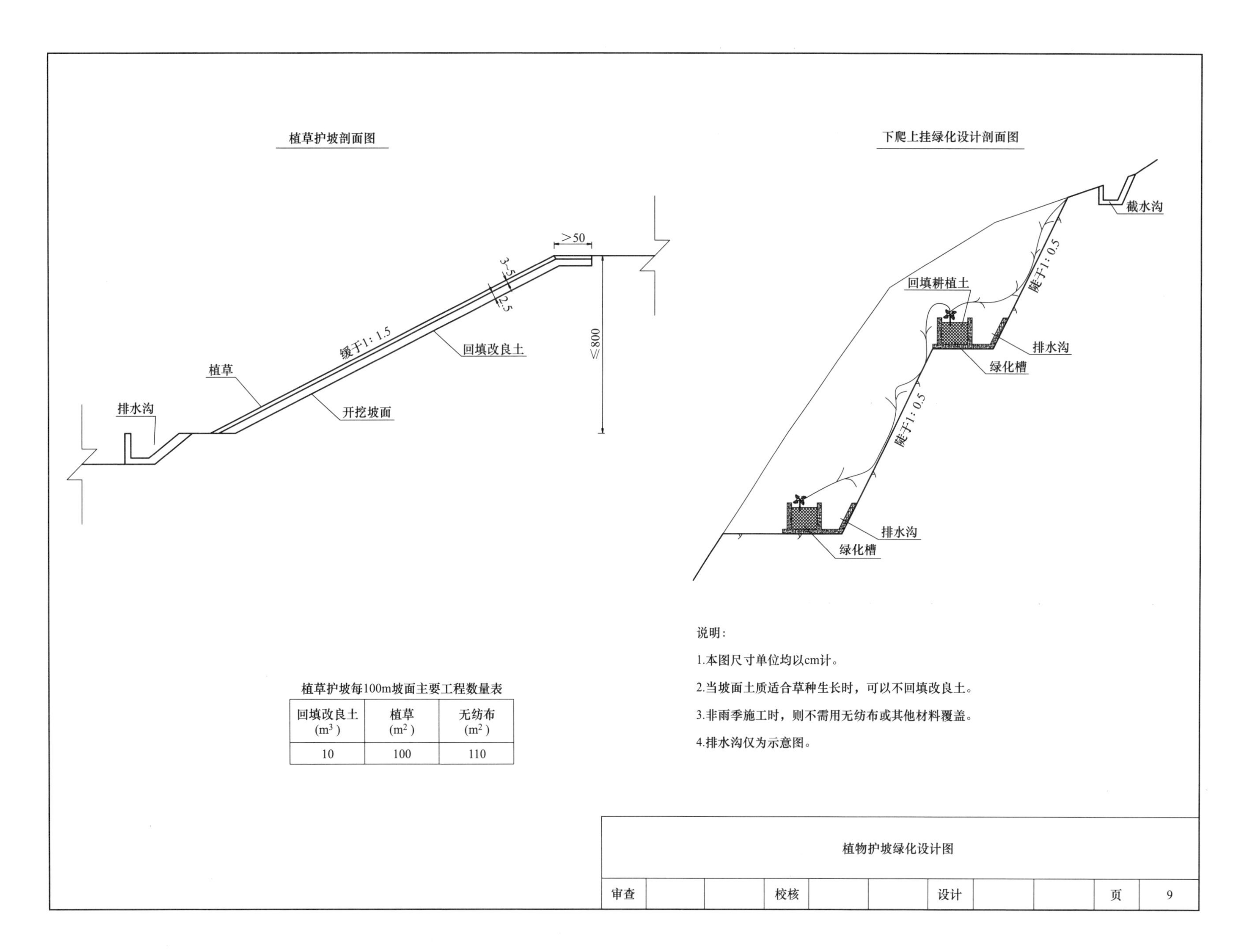

植草护坡每100m坡面主要工程数量表

回填改良土 (m^3)	植草 (m^2)	无纺布 (m^2)
10	100	110

说明:

1.本图尺寸单位均以cm计。

2.当坡面土质适合草种生长时，可以不回填改良土。

3.非雨季施工时，则不需用无纺布或其他材料覆盖。

4.排水沟仅为示意图。

植物护坡绿化设计图									
审查			校核			设计		页	9

附录7　绿化槽设计总说明

1. 编制依据

GB 50330—2013　建筑边坡工程技术规范

DL/T 5255—2010　水电水利工程边坡施工技术规范

DL/T 5353—2006　水电水利工程边坡设计规范

DL/T 5395—2007　碾压式土石坝设计规范

Q/GDW 46　国网新源控股有限公司企业标准

2. 适用范围

2.1 本图册绿化槽设计主要适用于抽水蓄能电站坝顶下游侧、下游坝坡马道及边坡马道绿化槽设计。

3. 设计原则

3.1 各马道平台及大坝坝顶绿化槽设计应综合考虑马道宽度、马道排水及坝顶宽度等因素。

3.2 绿化槽采用混凝土结构，混凝土强度等级不低于C20。

3.3 绿化槽应设置伸缩缝，伸缩缝间距一般为10~15m，缝宽为10mm，嵌缝采用闭孔泡沫板。

3.4 槽内耕植土和植物选用种类应根据当地气候条件、土壤条件等另行设计。

3.5 绿化槽设计不能影响坝顶、马道等平台通车、过人、巡视等需求。

4. 施工注意事项

4.1 绿化施工应注意保护下游坝坡、坝顶结构及马道平台不被破坏。

4.2 坝顶及边坡绿化槽应保证绿化槽与基础连接稳定。

绿化槽设计总说明											
审查			校核			设计			页	1

坝顶结构横剖面图

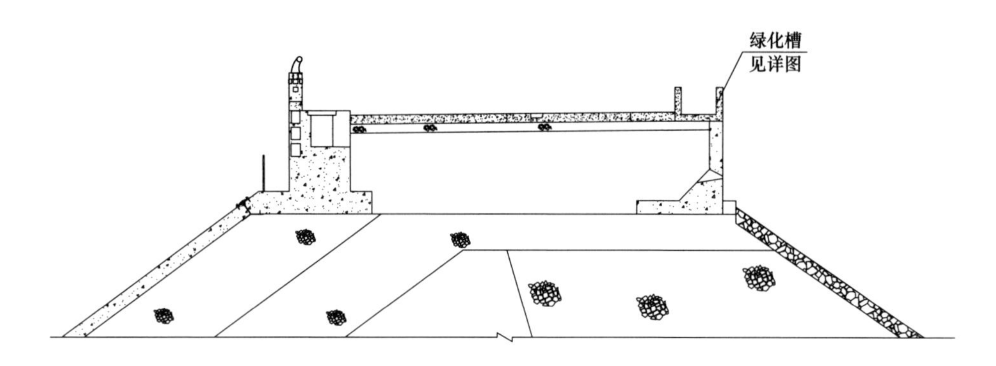

绿化槽大样图1
(用于坝顶宽度8~10m)

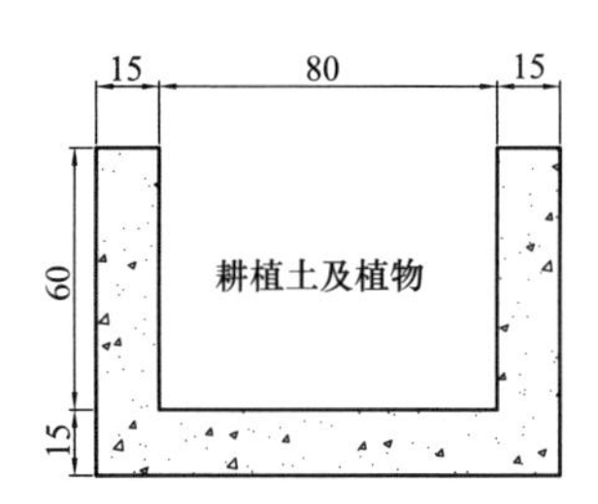

绿化槽大样图2
(用于坝顶宽度5~8m)

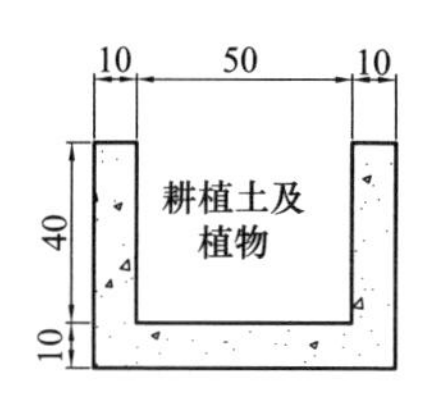

说明：

1.本图尺寸单位除钢筋直径及注明外均以cm计。

2.图中坝体仅为示意，具体按实际需要进行设计。

3.坝顶宽度为8~10m时，选用绿化槽大样图1；宽度为5~8m时，选用绿化槽大样图2。

4.绿化槽混凝土强度等级不低于C20，抗冻标号根据工程实际情况选定。

坝顶绿化槽设计图									
审查			校核			设计			页	2

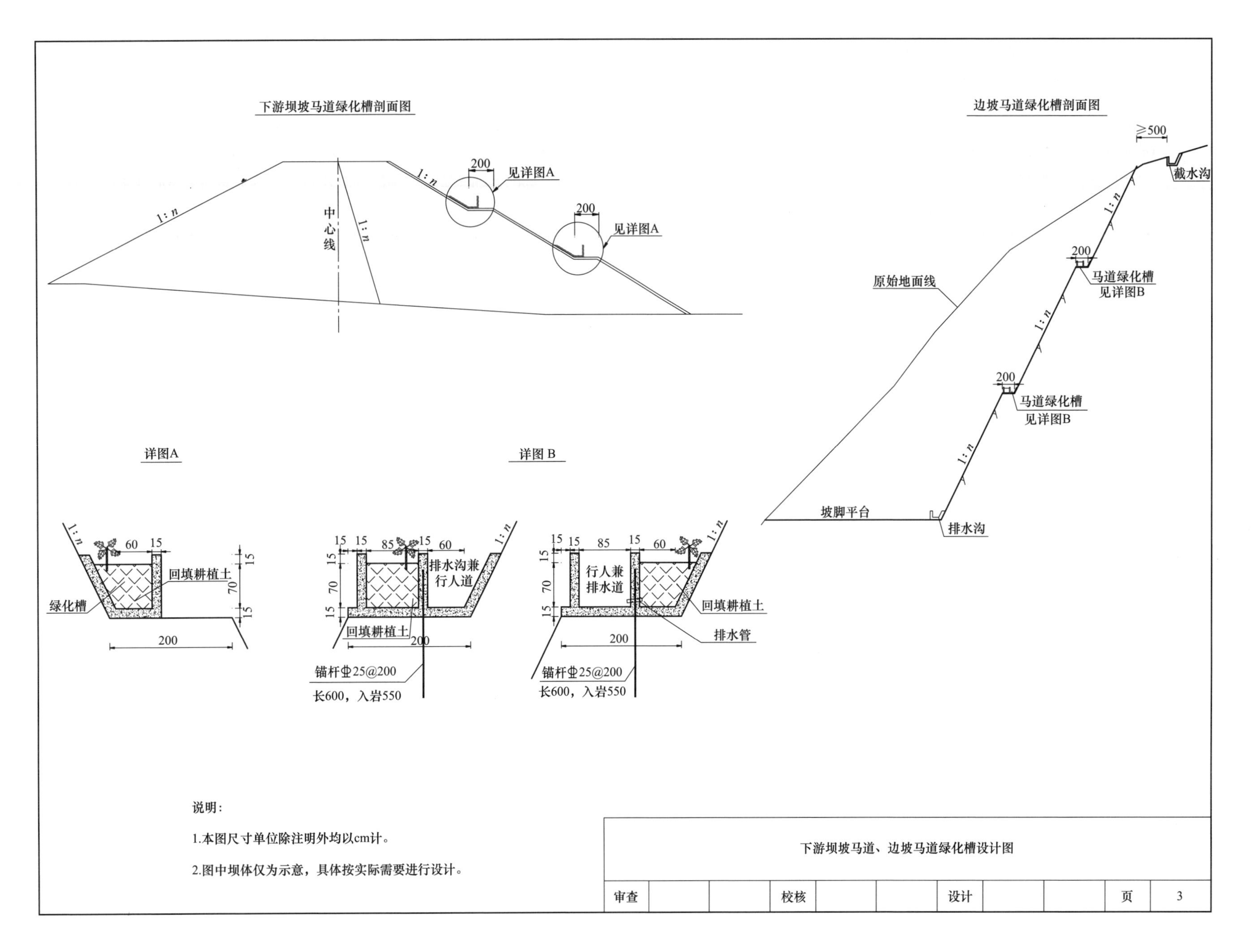

下游坝坡马道绿化槽剖面图
1∶n
中心线
200
见详图A
边坡马道绿化槽剖面图
≥500
截水沟
原始地面线
马道绿化槽
见详图B
坡脚平台
排水沟
详图A
详图 B
60
15
70
回填耕植土
绿化槽
200
85
排水沟兼
行人道
行人兼
排水道
排水管
锚杆Φ25@200
长600，入岩550
说明：
1.本图尺寸单位除注明外均以cm计。
2.图中坝体仅为示意，具体按实际需要进行设计。
下游坝坡马道、边坡马道绿化槽设计图
审查
校核
设计
页
3

附录8　灌浆廊道断面设计总说明

1.编制依据

GB 50009—2012　建筑结构荷载规范

GB 50010—2010　混凝土结构设计规范

NB/T 35026—2014　混凝土重力坝设计规范

DL/T 5057—2009　水工混凝土结构设计规范

DL 5077—1997　水工建筑物荷载设计规范

DL/T 5411—2009　土石坝沥青混凝土面板和心墙设计规范

2.适用范围

本图册适用于抽水蓄能电站碾压混凝土重力坝和心墙坝混凝土基座内灌浆廊道断面设计。其他特殊部位的灌浆廊道应进行单独设计。

3.设计要点

3.1 抽水蓄能电站基础灌浆廊道根据现场实际情况选用预制廊道或现浇廊道。

3.2 结合已建及在建工程，本图册基础灌浆廊道尺寸为3m×3.5m(宽×高)，当帷幕灌浆排数大于2排或有其他特殊要求时应进行单独设计。

3.3 本图册中，钢筋直径以mm计，其余除特别标明外均以cm计。

4.材料选用

4.1 预制混凝土廊道：根据工程需要混凝土强度、抗渗、抗冻等级与碾压混凝土标号相同，预制廊道外侧应设置70cm厚的过渡段混凝土，南方地区宜采用相同标号的变态混凝土。北方地区根据工程实际情况可采用相同标号的常态混凝土。

4.2 现浇混凝土廊道：根据工程需要混凝土强度、抗渗、抗冻等级与碾压混凝土标号相同，模板外侧应设置70cm厚的过渡段混凝土，南方地区宜采用相同标号的变态混凝土。北方地区根据工程实际情况可采用相同标号的常态混凝土。

5.施工要求

5.1 混凝土预制廊道外侧表面应进行凿毛处理。

5.2 预制廊道时,沿预制廊道壁厚方向对称预留4个孔作为预制廊道水平吊运及安装孔。孔口在廊道安装就位后需清除孔内杂物,并用细实混凝土回填密实。

5.3 在预制廊道吊装过程中,严格控制预制廊道的吊运时间和吊运措施,防止预留孔侧壁混凝土损坏。

5.4 预制混凝土构件的强度达到设计强度标准值的75%以上，才可对构件进行装运，卸车时应注意轻放，防止碰损,吊装完成后需割除外露吊装钢筋。

5.5 只有在构件达到设计强度后，才允许承受全部设计荷载。

5.6 在模板制作前，承包人应详细了解本工程各部位的特点、结构体形。模板的设计、制作和安装应保证模板结构有足够的强度和刚度，能承受混凝土浇筑和振捣的侧向压力和振动力，防止产生移位，确保混凝土结构外形尺寸准确，并应有足够的密封性，以避免漏浆。

5.7 除本图册提出的施工要求外，尚应按以下规范施工(不限于):

GB 50204—2015　混凝土结构工程施工质量验收规范

GB 50164—2011　混凝土质量控制标准

GB 50205—2001　钢结构工程施工质量验收规范

GB/T 50107—2010　混凝土强度检验评定标准

DL/T 5110—2013　水电水利工程模板施工规范

DL/T 5144—2015　水工混凝土施工规范

DL/T 5169—2013　水工混凝土钢筋施工规范

DL/T 5148—2012　水工建筑物水泥灌浆施工技术规范

DL/T 5400—2016　水工建筑物滑动模板施工技术规范

DL/T 5215—2005　水工建筑物止水带技术规范

6.图纸选用

根据现场实际情况选用预制廊道或现浇廊道，查找相应的详图。

灌浆廊道断面设计总说明									
审查			校核			设计			页	1

预制混凝土廊道三维模型

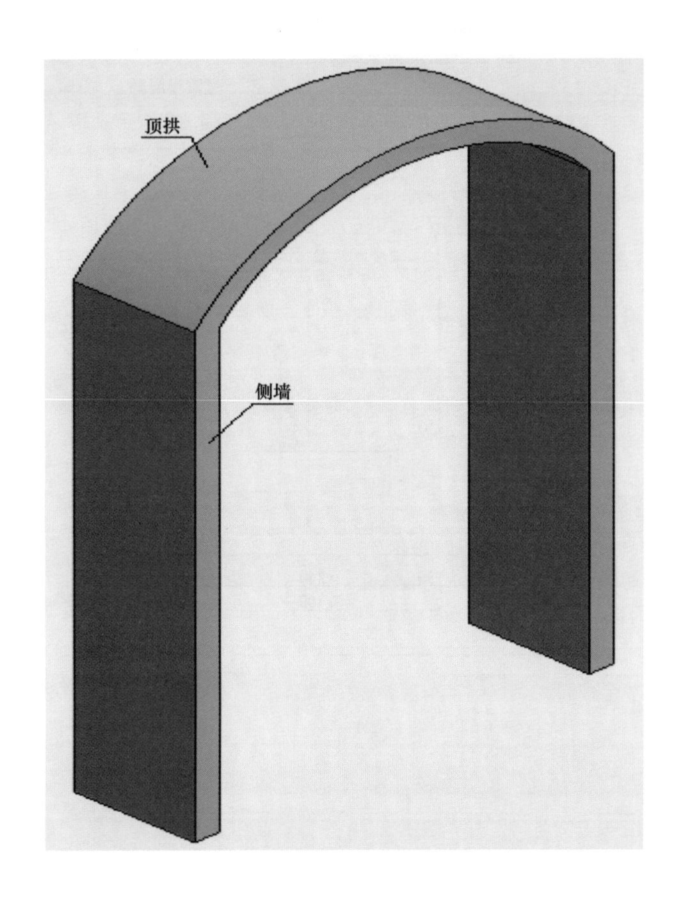

现浇混凝土廊道三维模型

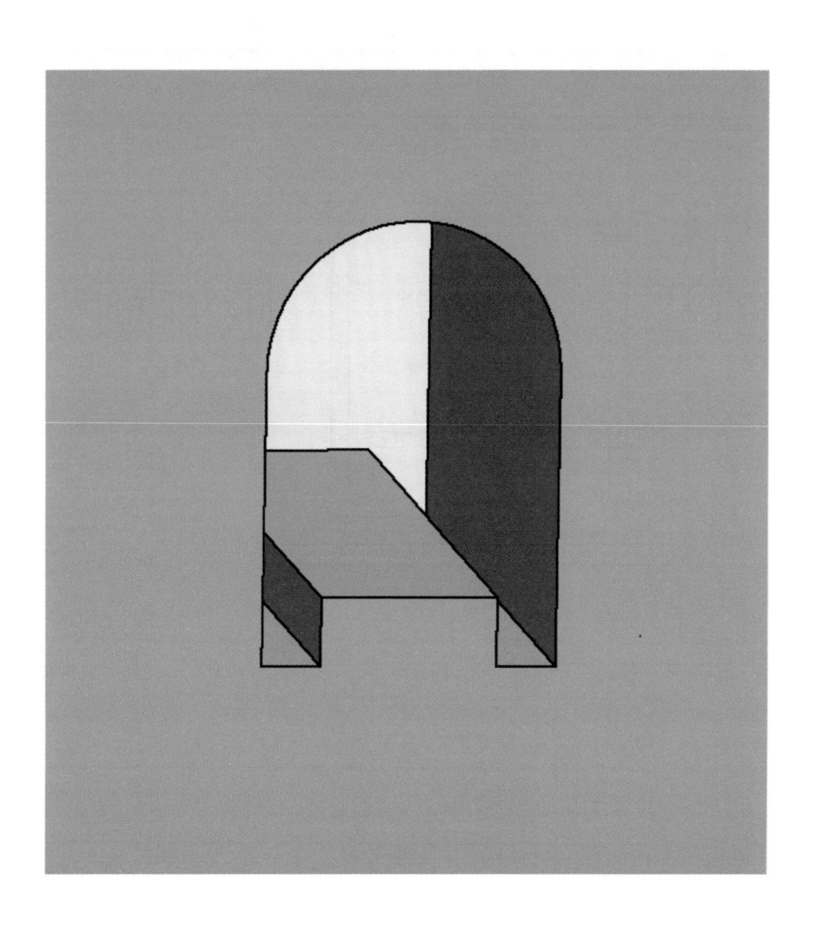

灌浆廊道三维模型									
审查			校核			设计			页	2

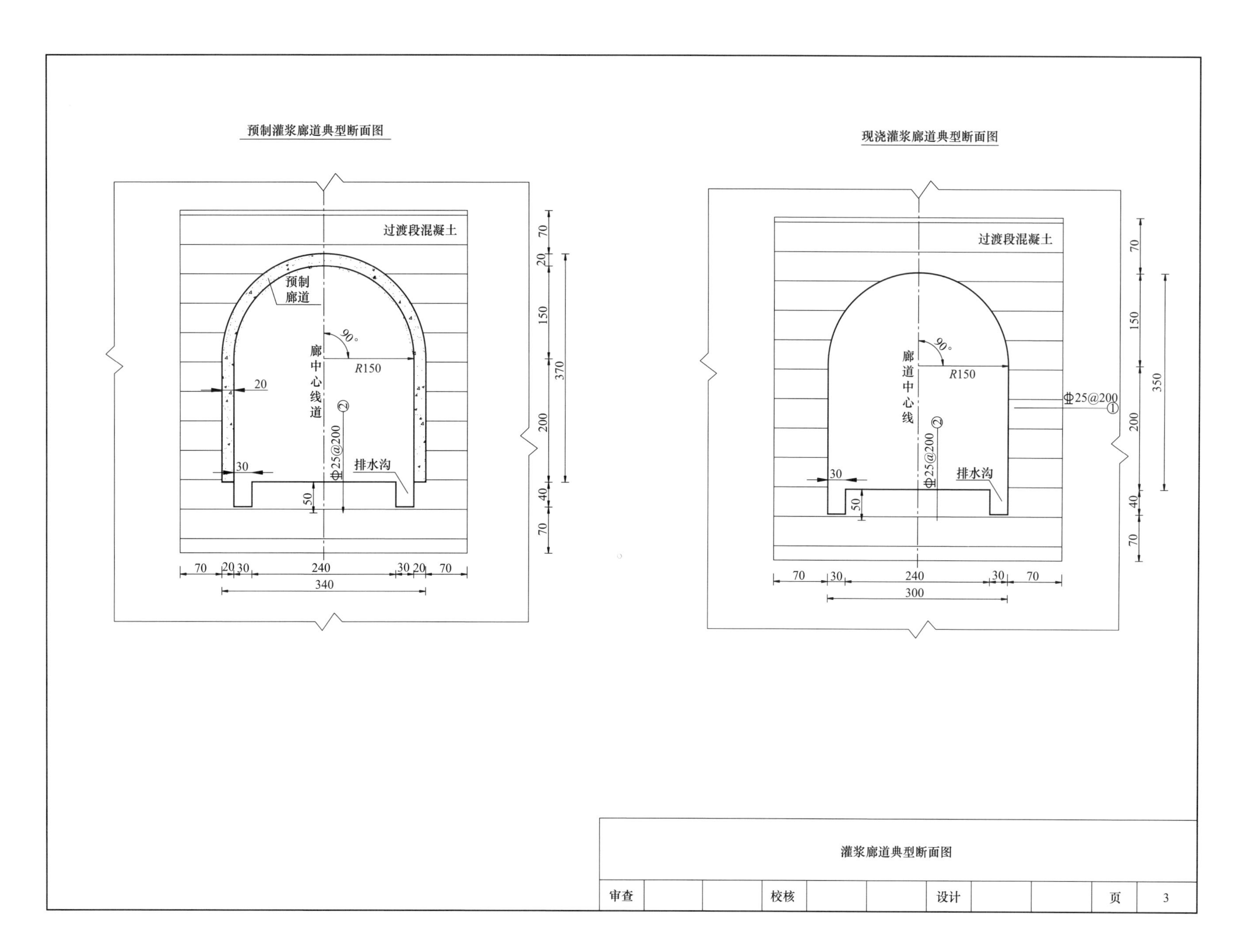

预制灌浆廊道典型断面图
过渡段混凝土
预制
廊道
90°
廊
中
心
线
道
R150
20
②
Φ25@200
排水沟
30
50
70
20
150
370
200
40
70
70
20
30
240
30
20
70
340
现浇灌浆廊道典型断面图
过渡段混凝土
90°
廊
道
中
心
线
R150
Φ25@200
①
②
Φ25@200
排水沟
30
50
70
150
350
200
40
70
70
30
240
30
70
300
灌浆廊道典型断面图
审查
校核
设计
页
3

廊道照明剖面布置图

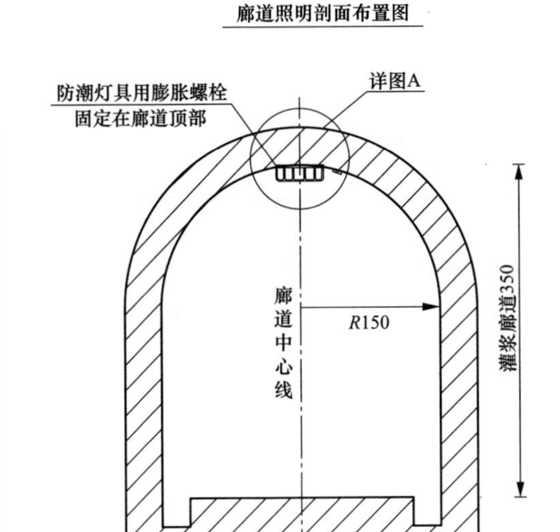

说明：

1. 图中尺寸单位：高程以m计，其余尺寸均以cm计。
2. 照明配电箱进线沿相关电缆桥架和电缆沟引来。
3. 工作照明箱选用明装型,型号参见材料表，用后膨胀螺杆锚栓固定于廊道的墙上，箱安装高度中心距地1.4m。箱体外壳及箱内接地端子与接地网可靠连接。灯具安装方式见图示；灯开关距地1.4m，距门边200mm明装；照明插座距地0.3m明装。
4. 照明线路采用聚氯乙烯绝缘铜导线穿VG25镀锌厚壁钢管暗敷，保护接地线采用同截面聚氯乙烯绝缘铜导线穿同管敷设。灯具的金属外壳与安装用钢材等正常情况下不带电导体均要求与保护接地线可靠连接成一体。
5. 硬塑料管采用管卡和膨胀螺栓固定，直线段管卡间距不大于1.5m，弯管或盒子两侧的管卡距弯头或盒边的距离不大于0.25m,直线段每隔4~6m设一个膨胀接头。
6. 硬塑料管的弯曲、切割和连接均应采用难燃型硬塑料管厂家专用的工具和粘接剂 。管材应采用难燃型材料，其氧指数应在39以上。管子入盒应采用专用的入盒接头和入盒锁扣。
7. 除图中特殊注明外，其余均要求按相应的施工及验收规范(有效版本)施工 。具体做法可参照“建筑电气安装工程施工图集”和“建筑设备设计施工图集　电气工程”中有关内容。
8. 如有与其他设备装置相干扰的地方,请将照明设备略作调整。伸缩缝50cm范围内不能安装灯具，施工时可做相应调整。
9. 灯具布置应满足照明地点照度要求，具体设计可参照SL 641—2014《水利水电工程照明系统设计规范》相关要求。

详图A

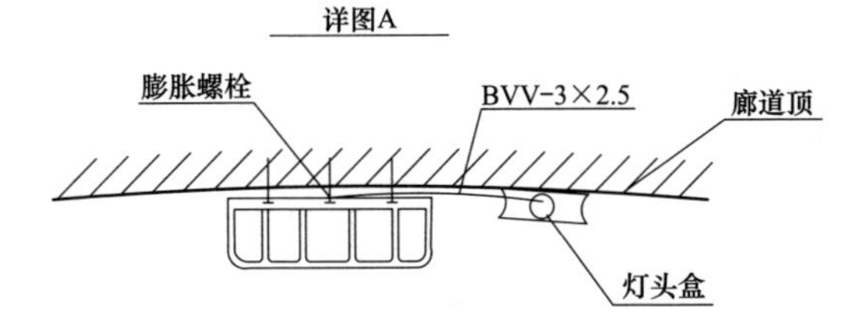

设备材料表

序号	符号	名称	型号及规格	单位	备注
1		照明配电箱	XRM302，外形尺寸655×280×160	个	明装
2	⊗	吸顶三防灯	HGC422-E23，220V50Hz，1×23W	盏	吸顶安装
3		应急单管荧光灯	HGC283/HJD812-28W	盏	吸壁、吸顶
4		单管荧光灯	HGC283-28W	盏	吸壁、吸顶
5		56系列防水防尘插座	56SO310C，10A 250V，IP56，带保护门	盏	
6		单控开关	250V，10A	个	
7		双联单控开关	250V，10A	个	
8		难燃型硬塑料管接线盒	VG25接线盒，配入盒接头及锁扣两副	套	
9		导线	BV，6	m	
10		聚氯乙烯绝缘铜芯塑料护套线	BVV，3X1.5，500V	m	灯头接线用
11		阻燃硬塑料管	VG25	m	
12		难燃型硬塑料管弯头	VG25弯头	m	
13		膨胀接头	VG25配套膨胀接头	个	
14		管卡	VG25配套管卡	个	
15		膨胀螺栓	M6×55 配螺母及方斜垫圈	个	用于固定管卡
16		不锈钢后膨胀螺杆锚栓	FAZ 8/10 A4	套	用于固定照明箱，灯具
17		接地扁钢(镀锌)	40×4mm	m	用于照明箱接地

灌浆廊道照明系统布置图									
审查			校核			设计		页	4

附录9　库底排水检查廊道断面设计总说明

1. 编制依据

GB 50009—2012　建筑结构荷载规范

GB 50010—2010　混凝土结构设计规范

DL/T 5057—2009　水工混凝土结构设计规范

DL 5077—1997　水工建筑物荷载设计规范

DL/T 5195—2004　水工隧洞设计规范

水工设计手册　(第二版)

2. 适用范围

本图册适用于抽水蓄能电站水库采用全库盆防渗时，在库底设置的廊道，具备排水、通风、安全检查等功能。参考在建及已建工程，库底廊道可划分为库周边排水检查廊道、库底中间排水检查廊道、进/出口周边排水检查廊道、外排廊道、其他通风交通廊道。

3. 设计要点

3.1 库底廊道采用城门洞断面，顶部半径宽度为0.75m，高2.0m，宽1.5m。

3.2 根据廊道上部承受的作用水头，进行廊道断面设计。本套图中的设计计算理论，假定廊道坐在基岩基础上，若廊道基础为回填区，需另行计算设计。

3.3 本图册中的结构计算按照限裂理论进行计算，如廊道有特殊要求，需另行计算设计。

3.4 廊道内侧及伸缩缝处钢筋端头的混凝土保护层厚度为10cm,廊道外侧混凝土保护层厚度为5cm。

3.5 本图册中，除特别标明外均以cm计。

4. 材料选用

4.1 廊道混凝土采用C25W10F50。

5. 施工要求

5.1 只有在构件达到设计强度后，才允许承受全部设计荷载。

5.2 在模板制作前，承包人应详细了解本工程各部位的特点、结构体形。模板的设计、制作和安装应保证模板结构有足够的强度和刚度，能承受混凝土浇筑和振捣的侧向压力和振动力，防止产生移位，确保混凝土结构外形尺寸准确，并应有足够的密封性，以避免漏浆。

5.3 除本图册提出的施工要求外，尚应按以下规范施工(不限于):

GB 50204—2015　混凝土结构工程施工质量验收规范

GB 50164—2011　混凝土质量控制标准

GB 50205—2001　钢结构工程施工质量验收规范

GBT 50107—2010　混凝土强度检验评定标准

DL/T 5110—2013　水电水利工程模板施工规范

DL/T 5144—2015　水工混凝土施工规范

DL/T 5169—2013　水工混凝土钢筋施工规范

DL/T 5148—2012　水工建筑物水泥灌浆施工技术规范

DL/T 5215—2005　水工建筑物止水带技术规范

6. 图纸选用

根据廊道顶部作用水头，当水头在25~40m范围时，选择A类廊道断面;当水头在40~60m范围时，选择B类廊道断面。

库底排水检查廊道断面设计总说明											
审查			校核			设计			页	1

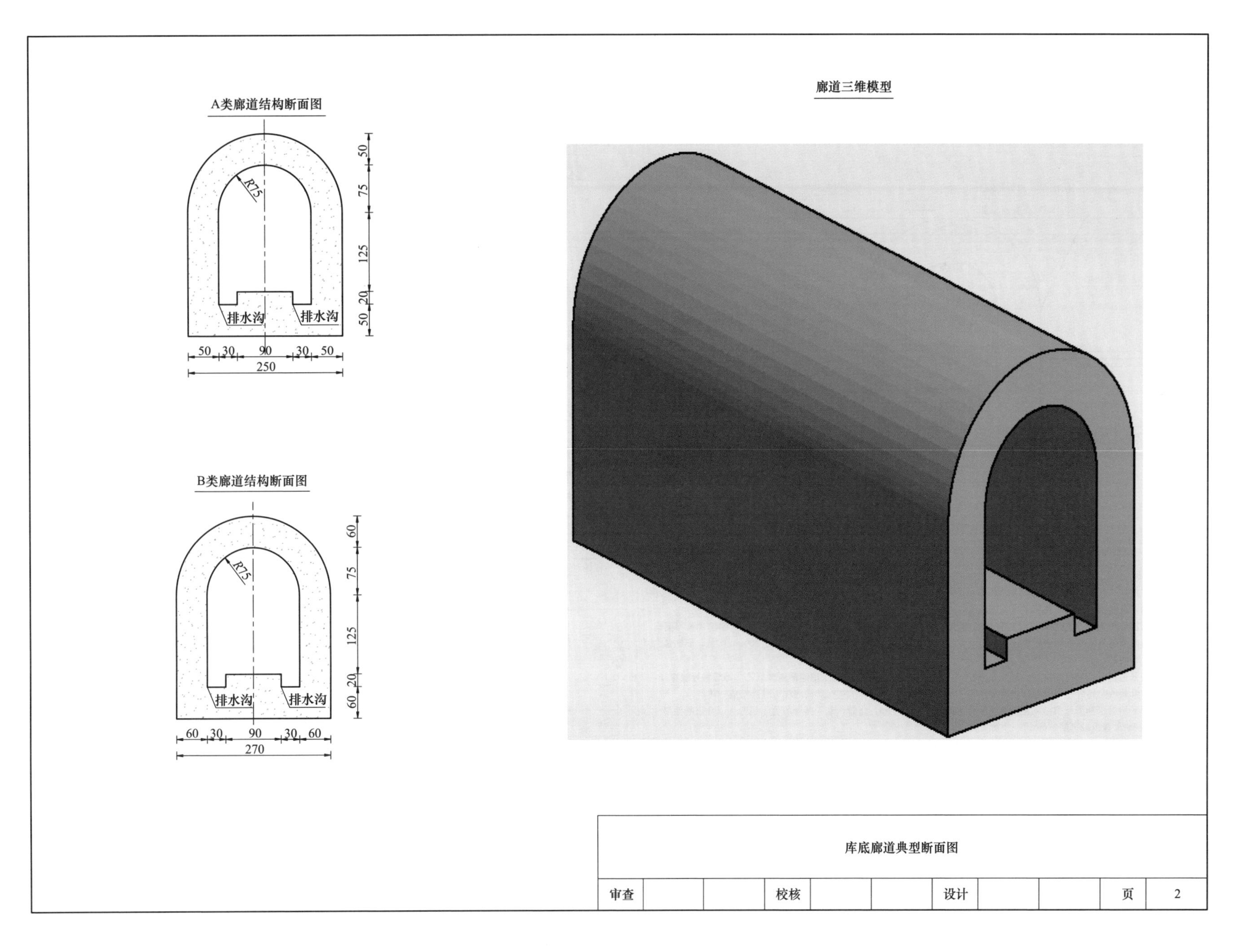
A类廊道结构断面图
R75
排水沟
排水沟
50
75
125
20
50
50
30
90
30
50
250
B类廊道结构断面图
R75
排水沟
排水沟
60
75
125
20
60
60
30
90
30
60
270
廊道三维模型
库底廊道典型断面图
审查
校核
设计
页
2

廊道纵剖面图

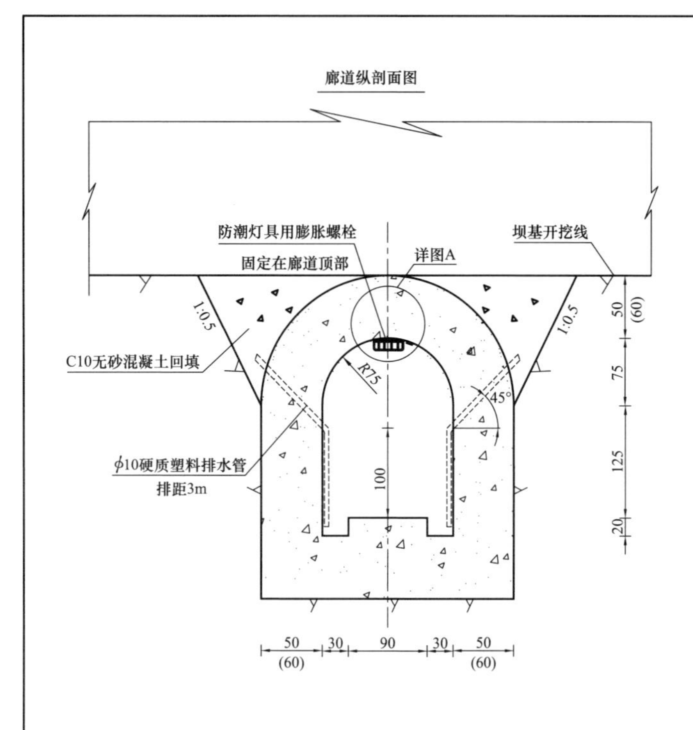

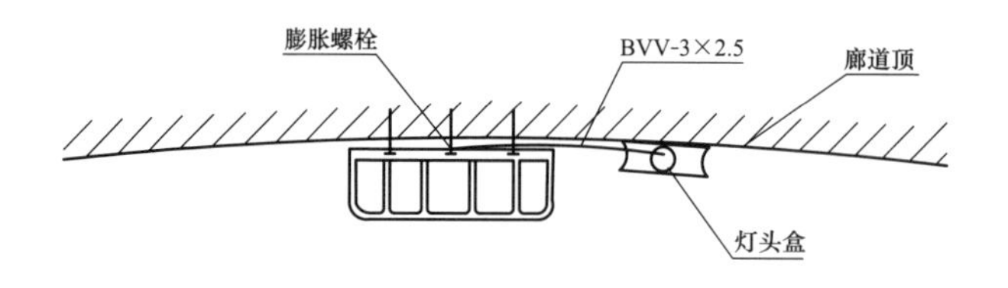

设备材料表

序号	符号	名 称	型号及规格	单位	备 注
1		照明配电箱	XRM302,外形尺寸655×280×160	个	明装
2		吸顶三防灯	HGC422-E23,220V50Hz,1×23W	盏	吸顶安装
3		应急单管荧光灯	HGC283/HJD812-28W	盏	吸壁、吸顶
4		单管荧光灯	HGC283-28W	盏	吸壁、吸顶
5		56系列防水防尘插座	56SO310C ,10A 250V,IP56,带保护门	盏	
6		单控开关	250V,10A	个	
7		双联单控开关	250V,10A	个	
8		难燃型硬塑料管接线盒	VG25接线盒，配入盒接头及锁扣两副	套	
9		导线	BV,6	m	
10		聚氯乙烯绝缘铜芯塑料护套线	BVV,3×1.5,500V	m	灯头接线用
11		阻燃硬塑料管	VG25	m	
12		难燃型硬塑料管弯头	VG25弯头	m	
13		膨胀接头	VG25配套膨胀接头	个	
14		管卡	VG25配套管卡	个	
15		膨胀螺栓	M6×55 配螺母及方斜垫圈	个	用于固定管卡
16		不锈钢后膨胀螺杆锚栓	FAZ 8/10 A4	套	用于固定照明箱，灯具
17		接地扁钢(镀锌)	40×4mm	m	用于照明箱接地

说明：
1. 图中尺寸单位：高程以m计，其余尺寸均以cm计。
2. 照明配电箱进线沿相关电缆桥架和电缆沟引来。
3. 工作照明箱选用明装型,型号参见材料表,用后膨胀螺杆锚栓固定于廊道的墙上，箱安装高度中心距地1.4m。箱体外壳及箱内接地端子与接地网可靠连接。灯具安装方式见图示；灯开关距地1.4m，距门边200mm明装；照明插座距地0.3m明装。
4. 照明线路采用聚氯乙烯绝缘铜导线穿VG25镀锌厚壁钢管暗敷，保护接地线采用同截面聚氯乙烯绝缘铜导线穿同管敷设。灯具的金属外壳与安装用钢材等正常情况下不带电导体均要求与保护接地线可靠连接成一体。
5. 硬塑料管采用管卡和膨胀螺栓固定，直线段管卡间距不大于1.5m，弯管或盒子两侧的管卡距弯头或盒边的距离不大于0.25m，直线段每隔4~6m设一个膨胀接头。
6. 硬塑料管的弯曲、切割和连接均应采用难燃型硬塑料管厂家专用的工具和粘接剂。管材应采用难燃型 材料，其氧指数应在39以上。管子入盒应采用专用的入盒接头和入盒锁扣。
7. 除图中特殊注明外，其余均要求按相应的施工及验收规范(有效版本)施工 。具体做法可参照“建筑电气安装工程施工图集”和“建筑设备设计施工图集 电气工程”中有关内容。
8. 如有与其他设备装置相干扰的地方,请将照明设备略作调整。伸缩缝50cm范围内不能安装灯具,施工时可做相应调整。
9. 灯具布置应满足照明地点照度要求，具体设计可参照SL 641—2014《水利水电工程照明系统设计规范》相关要求。

库底廊道排水、照明系统布置图									
审查			校核			设计		页	3

附录10 上水库观光平台设计总说明

1. 编制依据

DL/T 5057—2009 水工混凝土结构设计规范

DL 5077—1997 水工建筑物荷载设计规范

2. 适用范围

2.1 本图册适用于抽水蓄能电站上水库观光平台设计。

3. 设计要点

3.1 观光平台位置应因地制宜，布置在地势较高、视野开阔、能看到上水库库区及工程区主要建筑物的地方。

3.2 观光平台的形状、大小应根据平台所在位置的形状、大小，在保证安全的前提下，兼顾美观、协调进行设计。

3.3 观光平台应考虑排水设计，必要时应设置排水沟进行排水。

3.4 根据工程需要观光平台可设置展板、停车位、休息室、洗手间、桌椅等。

3.5 地基承载力应满足行人、行车需要，不满足时应先进行地基处理后再进行平台硬化。

3.6 硬化可采用混凝土硬化，或参照《工程做法》(05J909)小区道路3-2、3-2、5-6等形式硬化，具体材料根据现场确定。

3.7 栏杆形式可参考库(坝)区栏杆设计，与工程整体栏杆风格协调统一。

4. 材料选用

4.1 平台硬化：混凝土、嵌草砖、水泥砂浆、级配碎石。

4.2 栏杆：Q235钢。

4.3 展板：不锈钢、玻璃、木板。

5. 施工要求

5.1 采用混凝土硬化时应设横向及纵向分缝，间距一般不大于5.0m(边角处可根据情况适当调整，但分缝处距边角处距离不小于1.0m)。

5.2 平台硬化前应先确定地基承载力是否满足要求，不满足时应进行地基处理后方能硬化。

5.3 在实际施工过程中，观光平台与实际地形有冲突时，可根据实际地形对观光平台布置进行局部调整。

5.4 平台内展板、停车位、休息室、洗手间、桌椅等平面布置，可根据实际需要进行调整，由现场确定。

上水库观光平台设计总说明									
审查			校核			设计		页	1

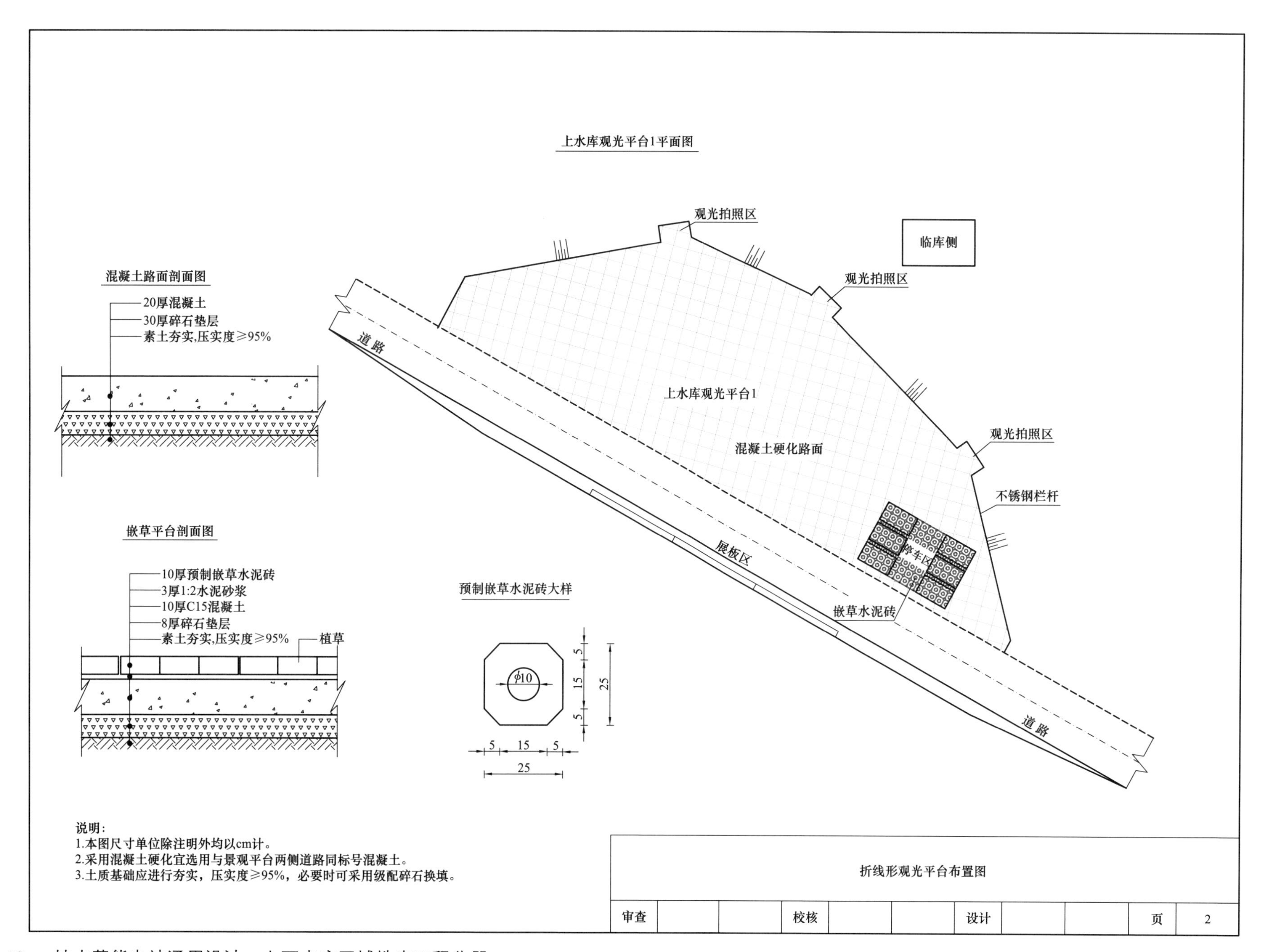
上水库观光平台1平面图
观光拍照区
临库侧
观光拍照区
道路
上水库观光平台1
观光拍照区
混凝土硬化路面
不锈钢栏杆
停车区
展板区
嵌草水泥砖
道路
混凝土路面剖面图
20厚混凝土
30厚碎石垫层
素土夯实,压实度≥95%
嵌草平台剖面图
10厚预制嵌草水泥砖
3厚1:2水泥砂浆
10厚C15混凝土
8厚碎石垫层
素土夯实,压实度≥95%
植草
预制嵌草水泥砖大样
ϕ10
5
15
5
25
5
15
5
25
说明:
1.本图尺寸单位除注明外均以cm计。
2.采用混凝土硬化宜选用与景观平台两侧道路同标号混凝土。
3.土质基础应进行夯实，压实度≥95%，必要时可采用级配碎石换填。
折线形观光平台布置图
审查
校核
设计
页
2

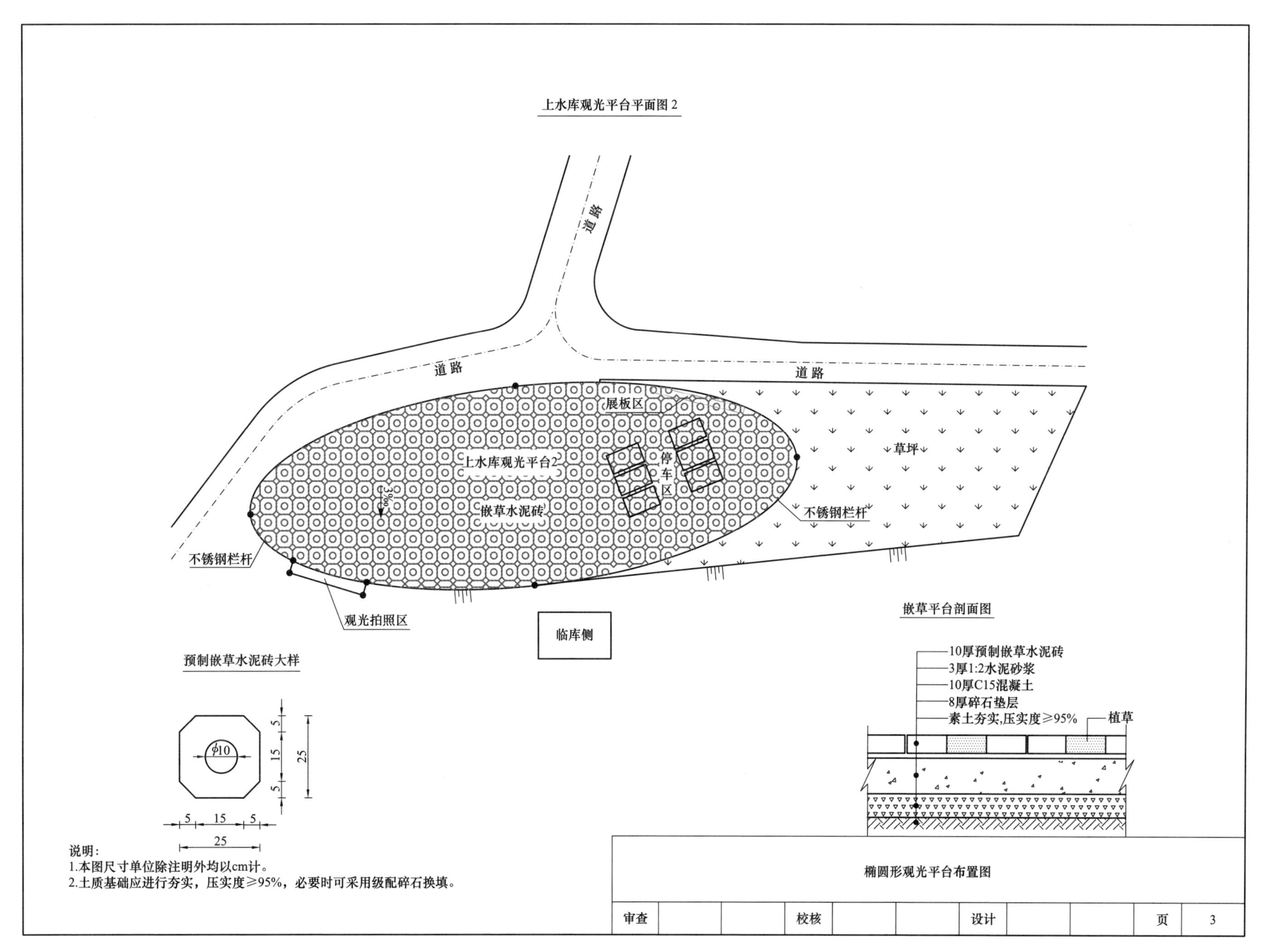
上水库观光平台平面图2
道路
道路
道路
展板区
上水库观光平台2
停
车
区
草坪
3%
嵌草水泥砖
不锈钢栏杆
不锈钢栏杆
观光拍照区
临库侧
嵌草平台剖面图
10厚预制嵌草水泥砖
3厚1:2水泥砂浆
10厚C15混凝土
8厚碎石垫层
素土夯实,压实度≥95%
植草
预制嵌草水泥砖大样
φ10
5
15
5
25
5
15
5
25
说明：
1.本图尺寸单位除注明外均以cm计。
2.土质基础应进行夯实，压实度≥95%，必要时可采用级配碎石换填。
椭圆形观光平台布置图
审查
校核
设计
页
3

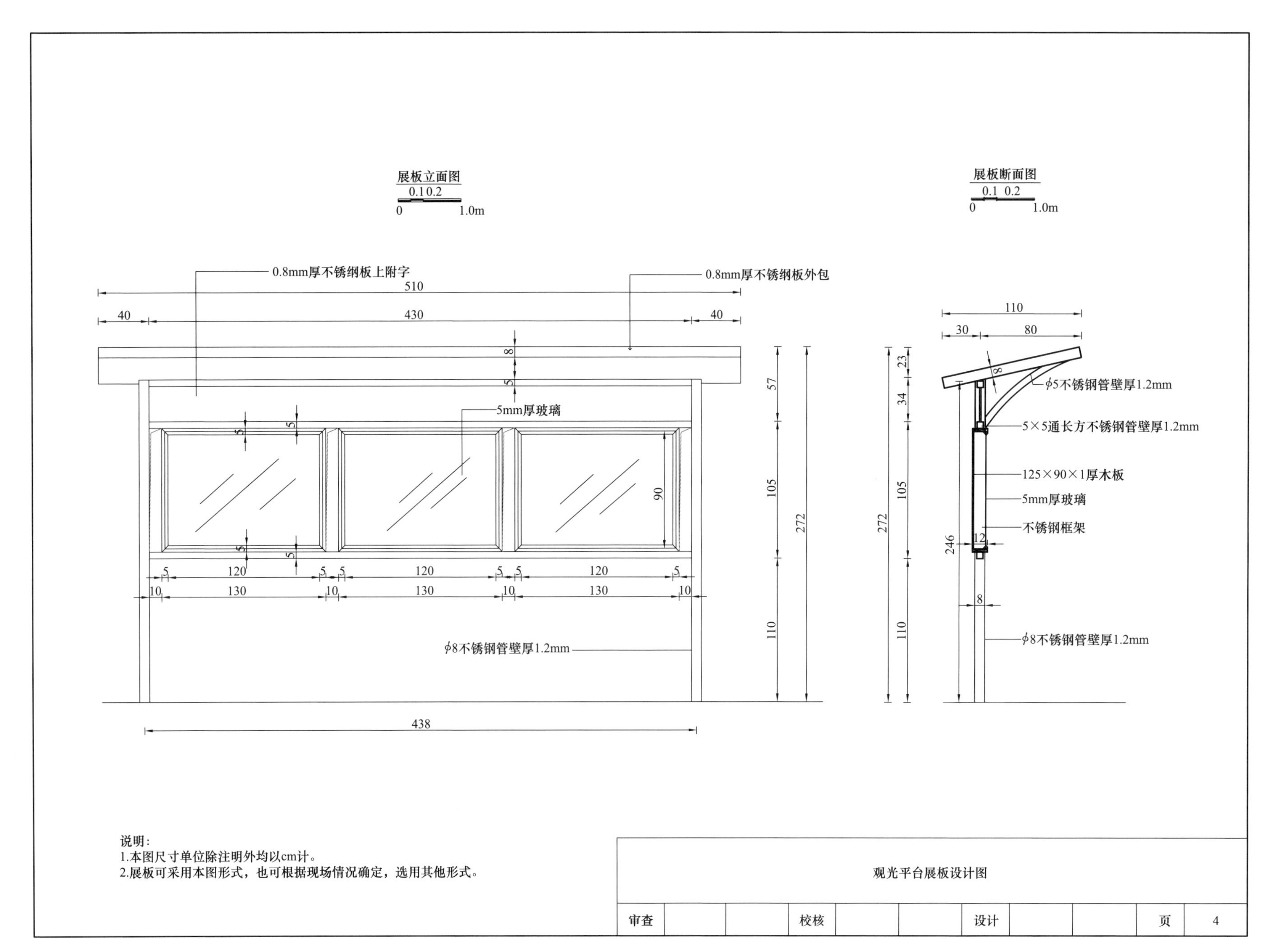
展板立面图
0.1 0.2
0 1.0m
展板断面图
0.1 0.2
0 1.0m
0.8mm厚不锈钢板上附字
0.8mm厚不锈钢板外包
510
40
430
40
5mm厚玻璃
90
57
105
110
272
438
ϕ8不锈钢管壁厚1.2mm
110
30
80
23
34
ϕ5不锈钢管壁厚1.2mm
5×5通长方不锈钢管壁厚1.2mm
125×90×1厚木板
5mm厚玻璃
不锈钢框架
246
12
8
ϕ8不锈钢管壁厚1.2mm
说明:
1.本图尺寸单位除注明外均以cm计。
2.展板可采用本图形式，也可根据现场情况确定，选用其他形式。
观光平台展板设计图
审查
校核
设计
页
4

附录11　上下水库区域入口门卫房及停车场设计总说明

1. 编制依据

GB 50352—2019　民用建筑设计统一标准

GB 50872—2014　水电工程设计防火规范

JGJ 100—2015　车库建筑设计规范

GB 02J603—1　铝合金门窗

GB 06J403—1　楼梯　栏杆　栏板(一)

GB 06J502—1~3　内装修

GB 06J505—1　外装修(一)

GB 05J624—1　百叶窗(一)

05J909　工程做法

国网新源控股有限公司印发的新源基建〔2012〕296号文件《抽水蓄能电站工程现场生产附属(辅助)建筑、生活文化福利设施及永临结合工程设置标准》

2. 适用范围

2.1 本图册适用于南北方抽水蓄能电站上下水库区域入口门卫房及停车场设计。

3. 设计要点

3.1 门卫房设计范围仅包括建筑外观体形设计、外立面材料、平面尺寸等，不涉及结构、消防、给排水、暖通、强电、弱电等设计。

3.2 门卫房(北方方案)总建筑面积30m^2,为框架结构，高度3.90m(檐口高度)；门卫房(南方方案)总建筑面积33.5m^2,为砖混结构，高度2.95m(檐口高度)。

3.3 门卫房耐火等级为二级,设计使用年限50年，屋面防水等级为二级。抗震等级根据工程所在地区确定。

4. 门卫房建筑设计说明

4.1 北方方案设计说明

4.1.1 设计标高以m为单位，其他尺寸以mm为单位，室内地面设计标高±0.000，标注标高为建筑完成面标高。

4.1.2 防水层选用2厚高分子涂膜防水材料(溶剂型)，详见屋面做法表的相应设计。

4.1.3 门窗型材为70系列断桥铝合金，颜色根据现场实际情况确定；选料、玻璃见门窗表，外窗可开启扇均应安装纱扇；尺寸详见门窗表,外门窗物理性能不应低于GB/T 7106—2008《建筑外门窗气密、水密、抗风压性能分级及检测方法》中的要求：抗风压性能不小于5级，气密性能不应低于6级，水密性能不应低于3级。

4.1.4 外墙装修设计和做法索引见立面图及墙身节点详图,外装修选用的各项材料其材质、规格、颜色等，均由施工单位提供样板,经确认后封样，并据此验收。

4.1.5 内装修工程执行各专业规范对内装修的具体要求，地面部分执行GB 50037《建筑地面设计规范》，具体做法见室内装修做法表,内装修选用的各项材料，均由施工单位选样和制作样板，经确认后封样,并据此验收。

4.1.6 室内外露明金属件的油漆为刷防锈漆两道后再做室内外部位相同颜色的氟碳漆，做法为05J909页358，油32。

4.1.7 北方方案门卫房图纸建筑节能设计属于寒冷A区,有不同节能要求的地区的保温材料厚度、门窗类型、墙体材料以节能计算结果为准。

4.2 南方方案设计说明

4.2.1 设计标高以m为单位，其他尺寸以mm为单位，室内地面设计标高±0.000，标注标高为建筑完成面标高。

4.2.2 门窗型材为60系列隔热铝合金，颜色根据现场实际情况确定；选料、玻璃见门窗表，外窗可开启扇均应安装纱扇；尺寸详见门窗表，外门窗物理性能不应低于GB/T 7106—2008《建筑外门窗气密、水密、抗风压性能分级及检测方法》中的要求：抗风压性能不小于6级，气密性能不应低于6级，水密性能不应低于3级。

4.2.3 所有外露铁件均刷红丹底。聚酯防锈漆一底两度，除特别说明面漆颜色为白色。

4.2.4 外墙装修设计和做法索引见立面图及墙身节点详图，外装修选用的各项材料其材质、规格、颜色等，均由施工单位提供样板，经确认后封样，并据此验收。

4.2.5 内装修工程执行各专业规范对内装修的具体要求，地面部分执行GB 50037《建筑地面设计规范》，具体做法见室内装修做法表，内装修选用的各项材料，均由施工单位选样和制作样板，经确认后封样，并据此验收。

4.2.6 有节能要求的地区的南方方案门卫房保温材料厚度、门窗类型、墙体材料以节能计算结果为准。

5. 停车场设计说明

5.1 根据车辆停放时车位的布置形式，停车场布置方案分垂直式、平行式、斜列式三种。

5.2 停车场的具体大小和布置形式应根据停车场所在的位置的大小、形状确定。

5.3 停车场与交叉口的距离以不妨碍行车视距为设置原则，不得妨碍来往行车。

5.4 停车场路面做法可根据工程实际情况选择相应的做法。

上下水库区域入口门卫房及停车场设计总说明									
审查			校核			设计		页	1

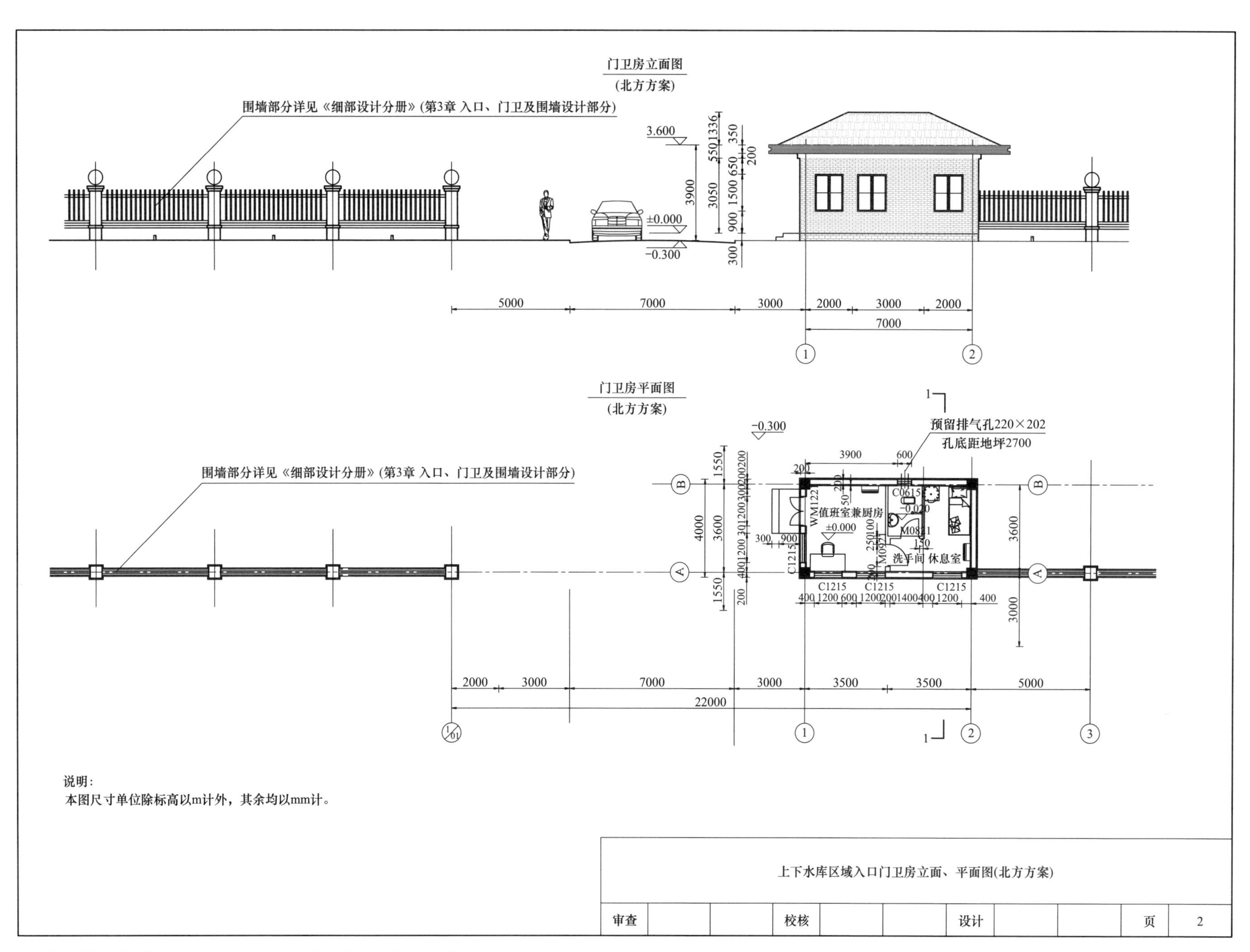
门卫房立面图
(北方方案)
围墙部分详见《细部设计分册》(第3章 入口、门卫及围墙设计部分)
3.600
±0.000
−0.300
门卫房平面图
(北方方案)
预留排气孔220×202
孔底距地坪2700
值班室兼厨房
洗手间
休息室
说明:
本图尺寸单位除标高以m计外，其余均以mm计。
上下水库区域入口门卫房立面、平面图(北方方案)
审查
校核
设计
页
2

门卫房立面三维图
（北方方案）

门卫房立面图
（北方方案）

200350
950
2100
300
850
1500
900
1336
350
3250
300
3.600 檐口
±0.000
−0.300
3600
B
A

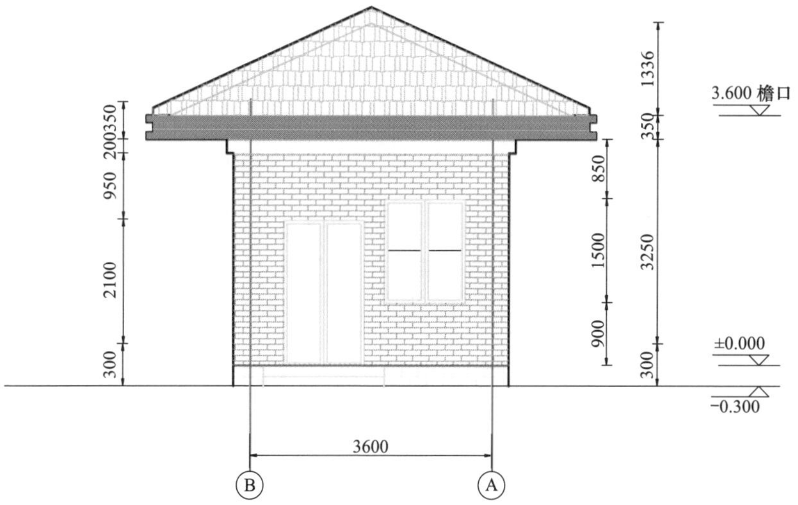

说明：
本图尺寸单位除标高以m计外，其余均以mm计。

上下水库区域入口门卫房立面图(北方方案)									
审查			校核			设计		页	3

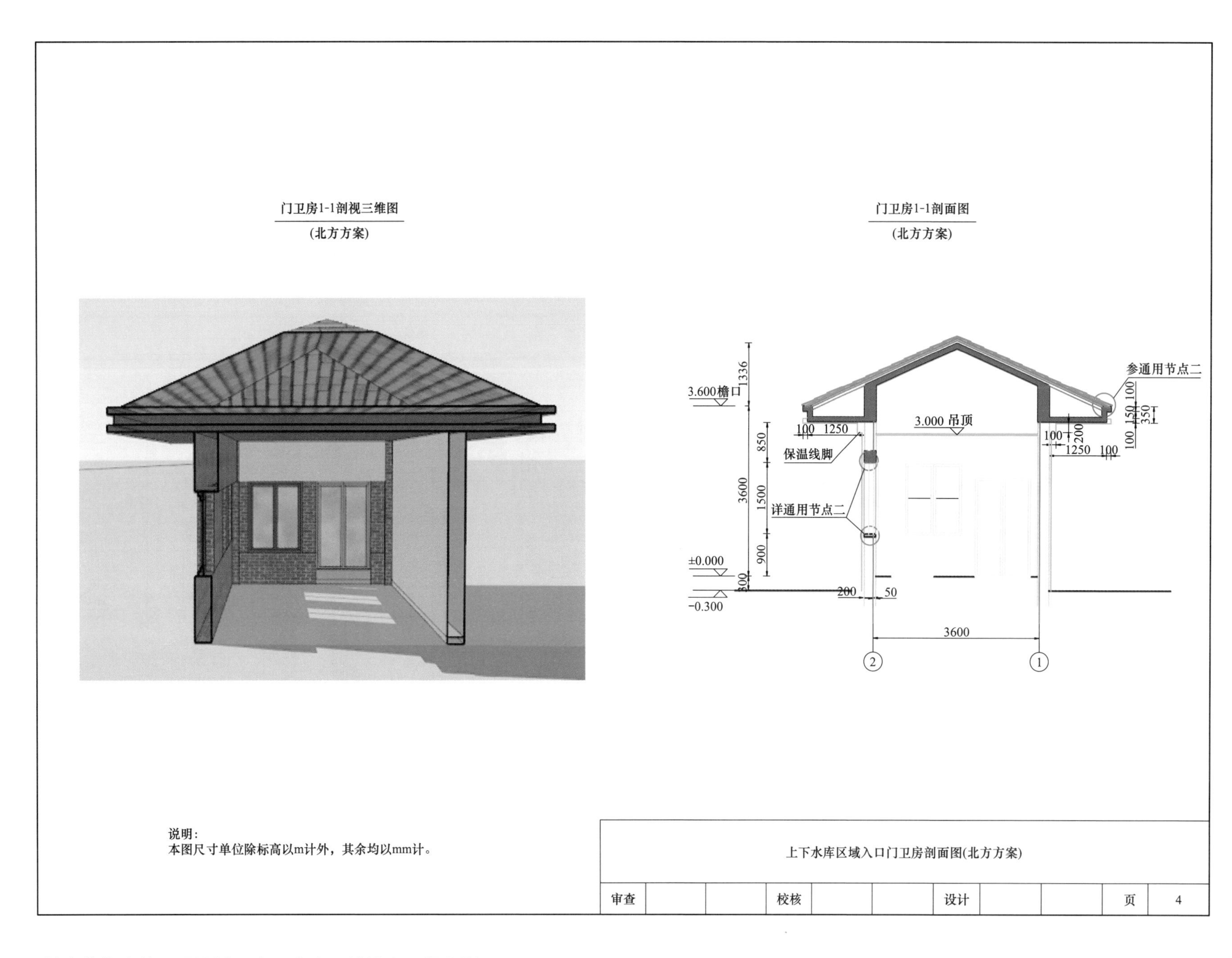
门卫房1-1剖视三维图
(北方方案)
门卫房1-1剖面图
(北方方案)
参通用节点二
3.600檐口
1336
3.000 吊顶
100 1250
100
200
1250 100
100 150 100
350
850
保温线脚
3600
1500
详通用节点二
900
±0.000
300
−0.300
200
50
3600
2
1
说明：
本图尺寸单位除标高以m计外，其余均以mm计。
上下水库区域入口门卫房剖面图(北方方案)
审查
校核
设计
页
4

门窗表

类别	门窗编号	门窗名称	开启方式	纱扇	洞口尺寸（宽×高）	樘数 一层	备注
	C1215	断桥铝合金中空玻璃窗	外平开	有	1200×1500	4	
	C0615	断桥铝合金中空玻璃窗	外平开	有	1000×1500	1	
	WM1221	断桥铝合金中空玻璃窗	外平开	有	1200×2100	1	
	M0921	木制夹板门	平开		1000×2100	1	
	M0821	木制夹板门	平开		900×2100	1	卫生间门底留30mm缝隙

外墙做法表

编号	名称	标准图索引		备注
外墙 1	粘贴挤塑聚苯板复合保温涂料外墙	节点1、2页26	涂305页109《建筑工程做法》(L13J1)	涂料为乳白色
外墙 2	粘贴挤塑聚苯板复合保温面砖外墙	节点1、2页26		规格60×230
外墙 3	干挂石材外墙	外墙25页68(国标05J909)		石材为浅黄色系列
外墙 4	挂贴石材外墙	外墙24页68(国标05J909)		规格300×600，用于勒脚

屋面做法表

编号	名称	标准图索引	防水材料	备注
屋 1	平屋面	屋103；页138	改为2厚高分子涂膜防水层	40厚C20细石混凝土面层
屋 2	钢筋混凝土雨篷	4/M5(国标06J505-1)		20厚1∶3水泥砂浆面层；2厚+3厚CNF-PFT自粘防水材料
屋 3	坡屋面(亚光陶土波形瓦)	屋301C；页146	改为2厚高分子涂膜防水层	40厚C20细石混凝土找平层，内配ϕ4@200双向钢筋网与屋面板预埋ϕ10钢筋头绑牢钢筋混凝土屋面板，预埋ϕ10钢筋头，双向@900，伸出保温隔热屋面30

室内装修表

楼层	房名 \ 部位	楼、地面	踢脚	墙裙	内墙	顶棚	备注
一层	值班室、休息室	地砖地面(规格600×600，10厚)页152，地72A；A级	地砖踢脚(高100mm)踢5D；A级		无机涂料(白色)内墙5D；A级	无机涂料(白色)棚4A2；A级	地砖颜色浅米黄
	卫生间	防滑地砖地面(规格300×300，8厚)页91，地13A；A级	地砖踢脚(高100mm)踢5D；A级	面砖墙裙(高至顶棚)裙15D2-b；A级		无机涂料(白色)棚4A2；A级	地砖颜色浅黄色

室外工程做法表

编号	名称	标准图索引	备注
散水一	混凝土散水	散1B，(页32)	
台阶一	10厚毛面花岗石条石台阶	台13B，(页24)	
坡道二	10厚毛面花岗岩坡道	坡12B，(页30)	

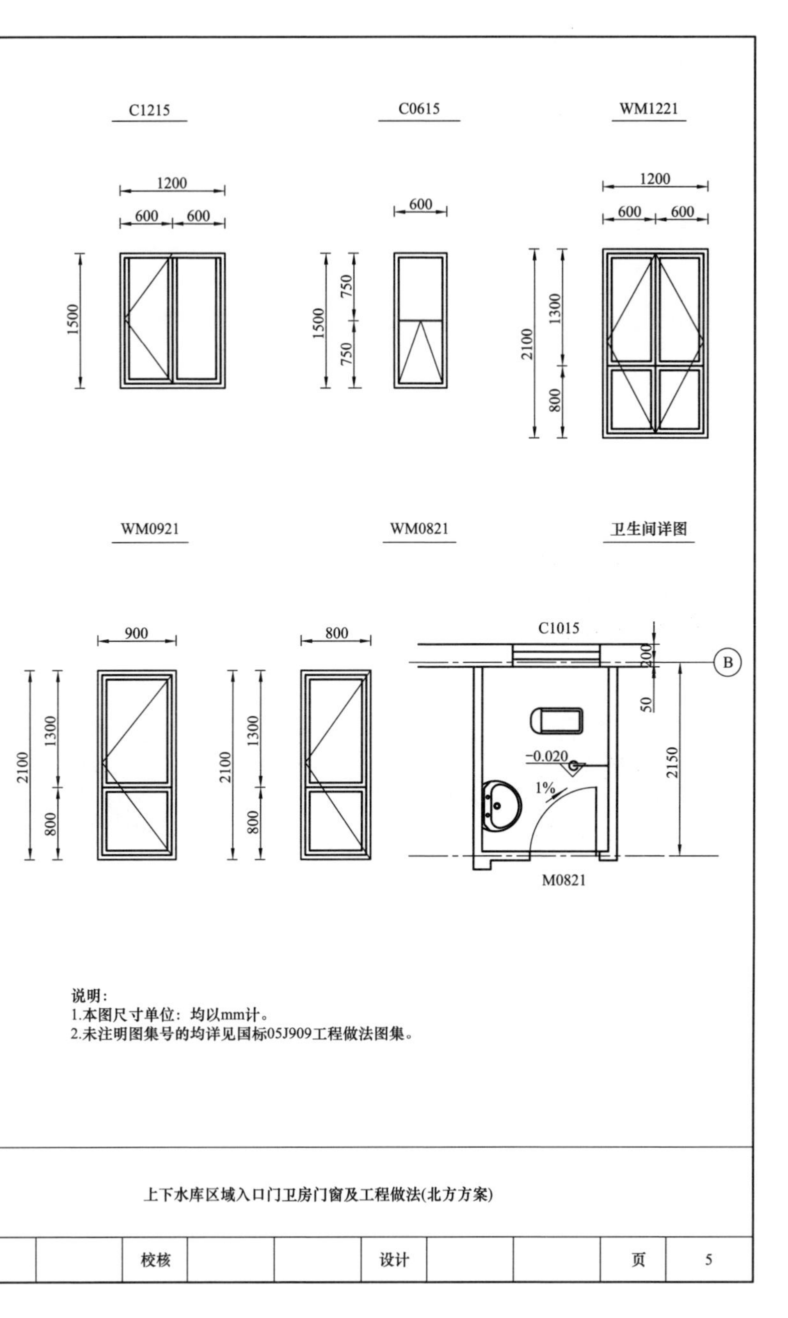

说明：

1.本图尺寸单位：均以mm计。

2.未注明图集号的均详见国标05J909工程做法图集。

上下水库区域入口门卫房门窗及工程做法(北方方案)									
审查			校核			设计		页	5

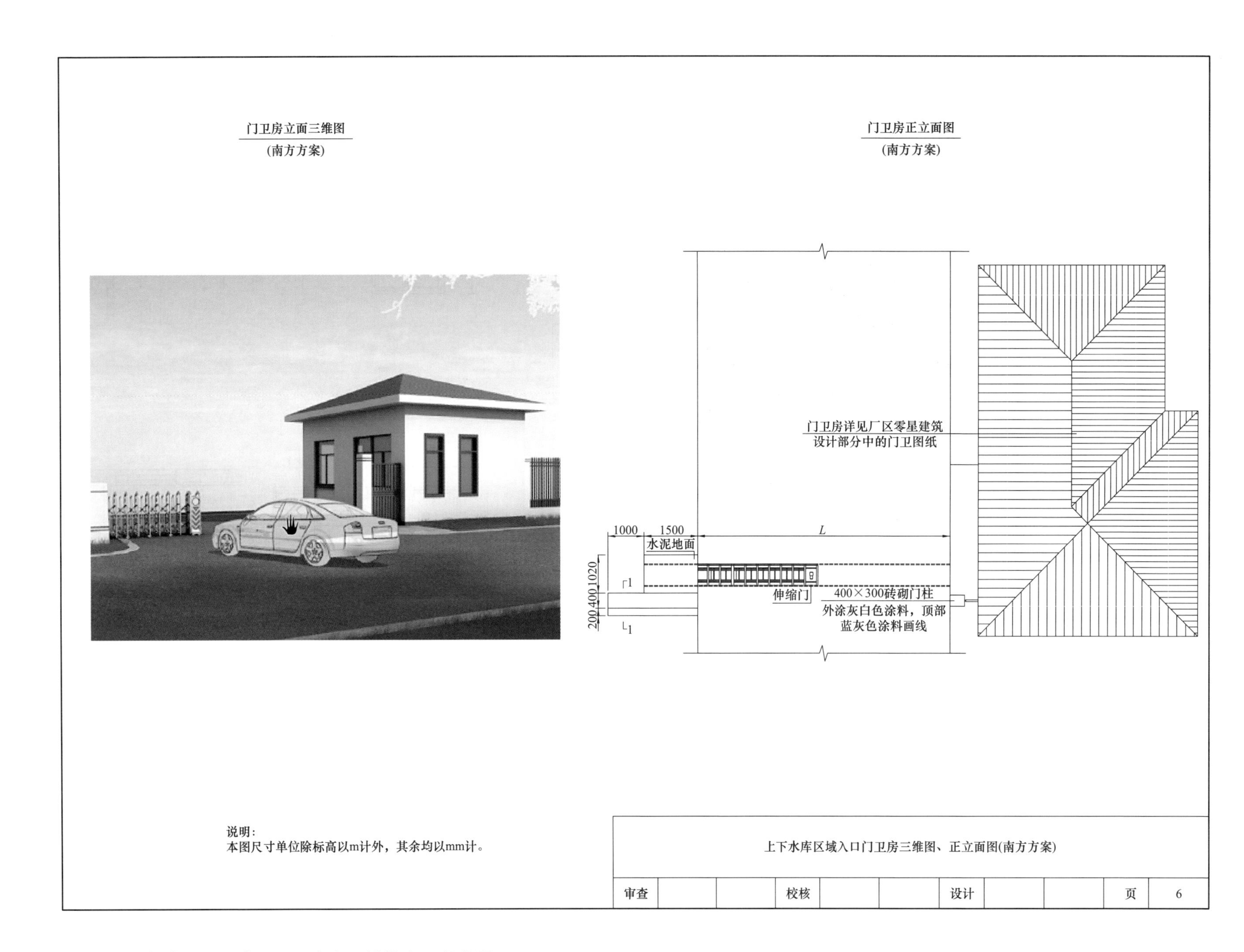

门卫房立面三维图
(南方方案)
门卫房正立面图
(南方方案)
门卫房详见厂区零星建筑
设计部分中的门卫图纸
1000
1500
L
水泥地面
200
400
1020
1
1
伸缩门
400×300砖砌门柱
外涂灰白色涂料，顶部
蓝灰色涂料画线
说明:
本图尺寸单位除标高以m计外，其余均以mm计。
上下水库区域入口门卫房三维图、正立面图(南方方案)
审查
校核
设计
页
6

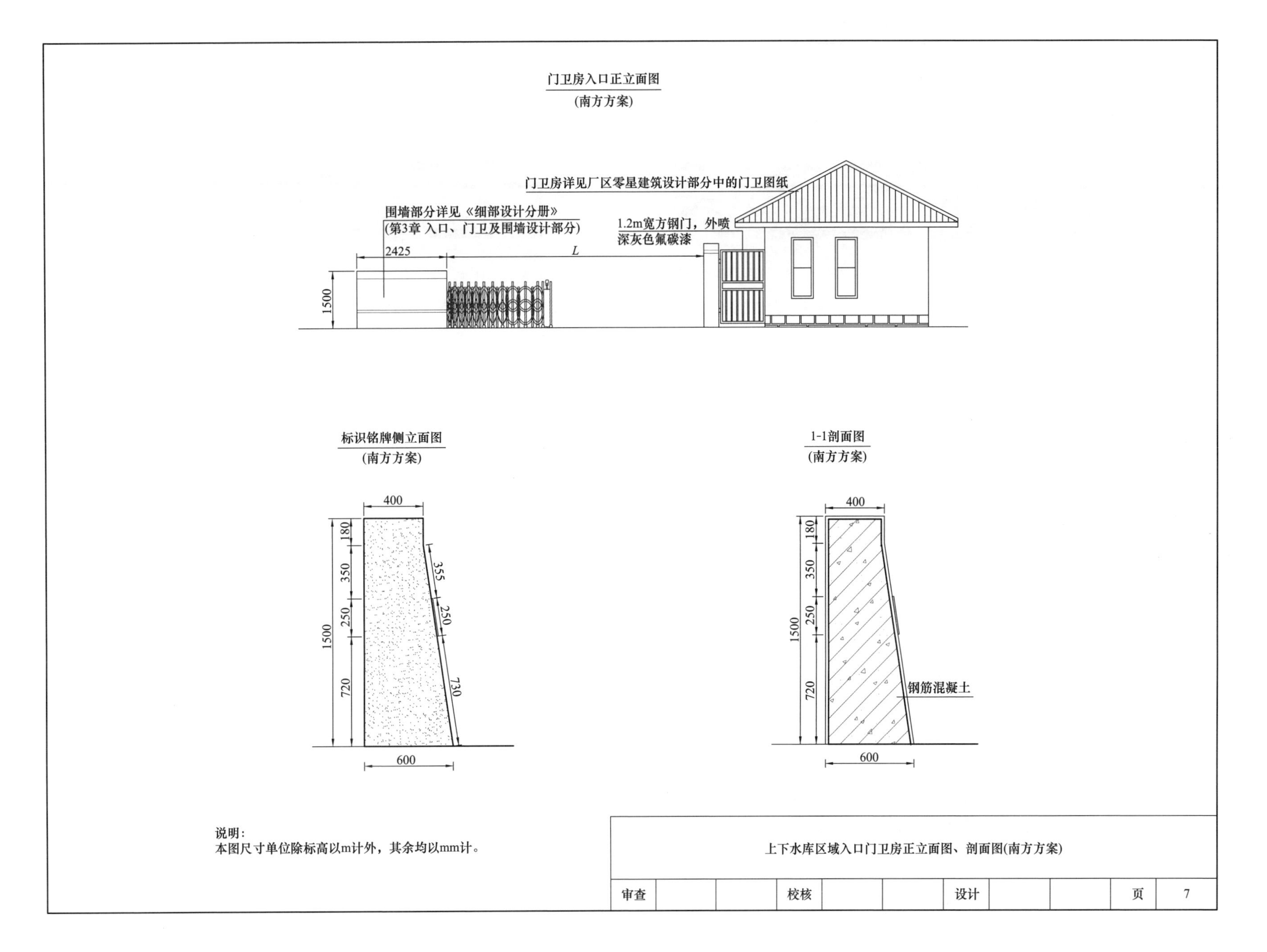
门卫房入口正立面图
(南方方案)
门卫房详见厂区零星建筑设计部分中的门卫图纸
围墙部分详见《细部设计分册》
(第3章 入口、门卫及围墙设计部分)
1.2m宽方钢门，外喷
深灰色氟碳漆
2425
L
1500
标识铭牌侧立面图
(南方方案)
400
180
350
250
720
1500
355
250
730
600
1-1剖面图
(南方方案)
400
180
350
250
720
1500
钢筋混凝土
600
说明：
本图尺寸单位除标高以m计外，其余均以mm计。
上下水库区域入口门卫房正立面图、剖面图(南方方案)
审查
校核
设计
页
7

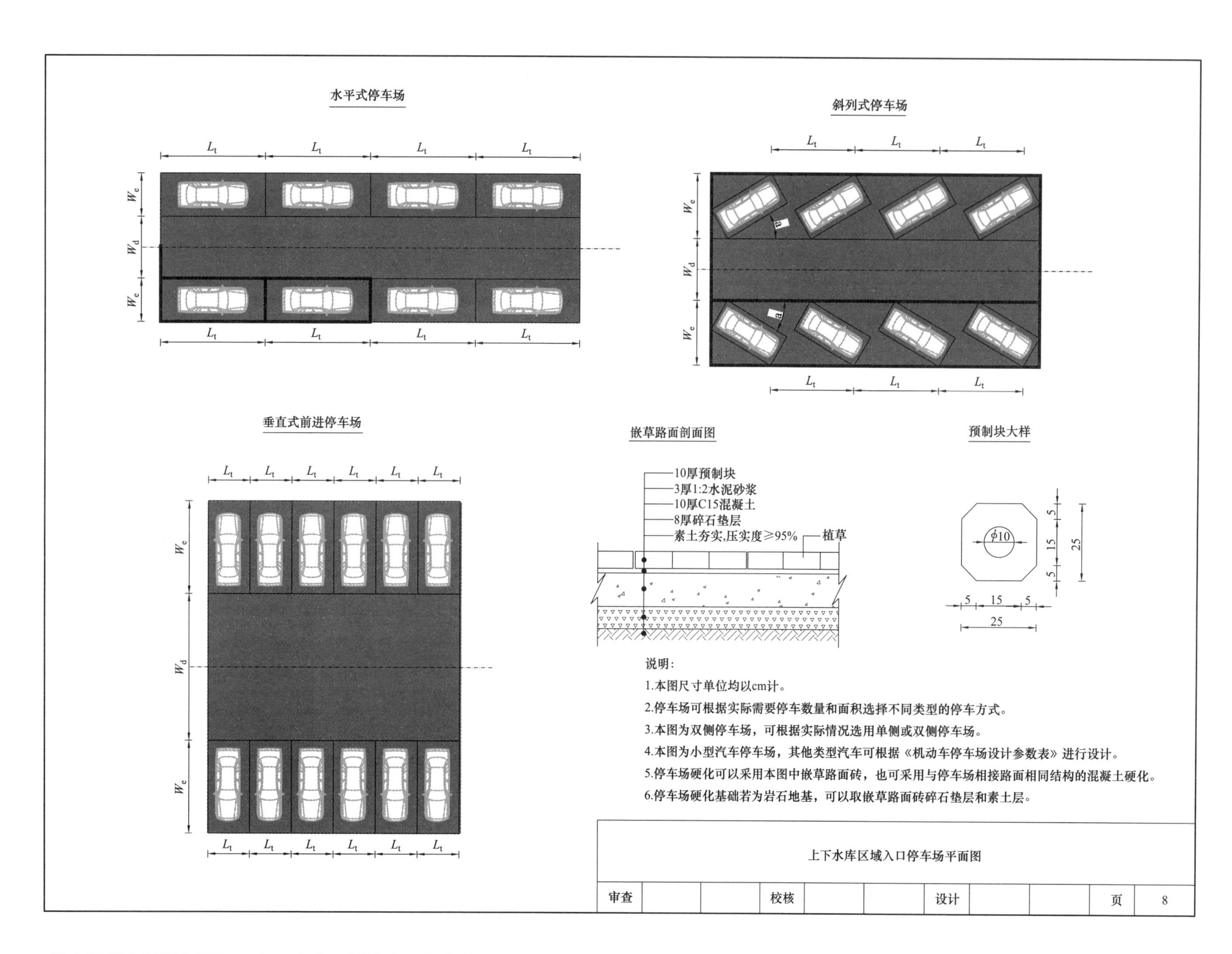
水平式停车场
L_t
W_e
W_d
斜列式停车场
a
垂直式前进停车场
嵌草路面剖面图
10厚预制块
3厚1:2水泥砂浆
10厚C15混凝土
8厚碎石垫层
素土夯实,压实度≥95%
植草
预制块大样
φ10
5
15
25
说明：
1.本图尺寸单位均以cm计。
2.停车场可根据实际需要停车数量和面积选择不同类型的停车方式。
3.本图为双侧停车场，可根据实际情况选用单侧或双侧停车场。
4.本图为小型汽车停车场，其他类型汽车可根据《机动车停车场设计参数表》进行设计。
5.停车场硬化可以采用本图中嵌草路面砖，也可采用与停车场相接路面相同结构的混凝土硬化。
6.停车场硬化基础若为岩石地基，可以取嵌草路面砖碎石垫层和素土层。
上下水库区域入口停车场平面图
审查
校核
设计
页
8

停车场设计参数表

停车方式			垂直通道方向的停车带宽W_e(m)					平行通道方向的停车带长L_t(m)					通道宽W_d(m)					单位停车面积S(m²)				
			Ⅰ	Ⅱ	Ⅲ	Ⅳ	Ⅴ	Ⅰ	Ⅱ	Ⅲ	Ⅳ	Ⅴ	Ⅰ	Ⅱ	Ⅲ	Ⅳ	Ⅴ	Ⅰ	Ⅱ	Ⅲ	Ⅳ	Ⅴ
平行式		前进停车	2.6	2.8	3.5	3.5	3.5	5.2	7	12.7	16	22	3	4	4.5	4.5	5	21.3	33.6	73	92	132
斜列式	30°	前进停车	3.2	4.2	6.4	8	11	5.2	5.6	7	7	7	3	4	5	5.8	6	24.4	34.7	62.3	76.1	78
	45°	前进停车	3.9	5.2	8.1	10.4	14.7	3.7	4	4.9	4.9	4.9	3	4	6	6.8	7	20	28.8	54.4	67.5	89.2
	60°	前进停车	4.3	5.9	9.3	12.1	17.3	3	3.2	4	4	4	4	5	8	9.5	10	18.9	26.9	53.2	67.4	89.2
	60°	后退停车	4.3	5.9	9.3	12.1	17.3	3	3.2	4	4	4	3.5	4.5	6.5	7.3	8	18.2	26.1	50.2	62.9	85.2
垂直式		前进停车	4.2	6	9.7	13	19	2.6	2.8	3.5	3.5	3.5	6	9.5	10	13	19	18.7	30.1	51.5	68.3	99.8
		后退停车	4.2	6	9.7	13	19	2.6	2.8	3.5	3.5	3.5	4.2	6	9.7	13	19	16.4	25.2	50.8	68.3	99.8

说明：
表中Ⅰ类指微型汽车，Ⅱ类指小型汽车，Ⅲ类指中型汽车，Ⅳ类指大型汽车，Ⅴ类指绞接车。

上下水库区域入口停车场设计参数选用表									
审查			校核			设计		页	9

附录12　地表监测房设计总说明

1. 编制依据

GB 50016—2014　建筑设计防火规范

GB 50872—2014　水电工程设计防火规范

JGJ 113—2015　建筑玻璃应用技术规程

JGJ/T 235—2011　建筑外墙防水工程技术规程

12J201　平屋面建筑构造

Q/GDW 46　国网新源控股有限公司企业标准

工程建设标准强制性条文(房屋建筑部分)

2. 适用范围

2.1 本图册对抽水蓄能电站土石坝坝坡面监测房外观、体形进行标准化设计，具体包括观测房结构尺寸及装修等设计内容。图册适用于水管式沉降仪管路长度不超过300m的土石坝，超出此范围需论证后对观测房结构尺寸做出必要的修改调整后方可适用。

3. 设计要点

3.1 本工程采用相对标高。

3.2 平面图各层标注标高为结构标高，屋面标高为结构面标高。观测房内地板为0.00m,平行桩号指平行坝轴线的桩号，垂直桩号指垂直坝轴线的桩号。

3.3 本工程标高采用以m为单位，钢筋直径以mm计，其他以cm为单位。

3.4 钢筋混凝土保护层厚度:地板顶层为7.5cm,地板底层为5.0cm,梁和墙体为2.5cm,其余板为1.5cm。

3.5 过梁和雨蓬梁连通与两端构造柱相接。

3.6 根据仪器安装埋设需要,可对仪器通孔尺寸、数量及位置进行必要的调整，需要时可对地板进行预留坑槽设计。

3.7 观测房设计以坝坡面通过房后浆砌石挡墙后缘最高点为基准，两侧浆砌石挡墙需根据实际坝坡度进行调整。

4. 材料选用

4.1 观测房砖墙砌筑、基础及护墙浆砌石均采用M15水泥砂浆,基础底板下面铺10cm水泥砂浆；砌砖强度等级MU10；观测房混凝土C25,抗冻标号根据工程实际情况选定；在浆砌石护墙与坝体堆石接触面，对浆砌石结构面用M15水泥砂浆加3%防水粉抹面厚3.0cm,并在表面涂刷沥青，观测房采用钢门窗。

4.2 排水管和进线管使用镀锌钢管,排水管均伸出结构面以外5cm。

5. 施工要求

5.1 接地用镀锌扁钢与每边的焊点不少于两个。

5.2 建筑装修：观测房屋内地板在监测仪器安装固定后，贴地板瓷砖(40×40cm)；内墙墙面刮腻子找平，喷白色乳胶漆三道；坝面以外裸露部分外墙底部混凝土墙部分刷白色外墙涂料；以上为红砖水泥砂浆勾缝。

6. 本图册编号原则

6.1 观测房剖面编号为大写罗马数字：Ⅰ-Ⅰ，Ⅱ-Ⅱ等。

6.2 大样图编号为大写英文字母。

地表监测房设计总说明									
审查			校核			设计		页	1

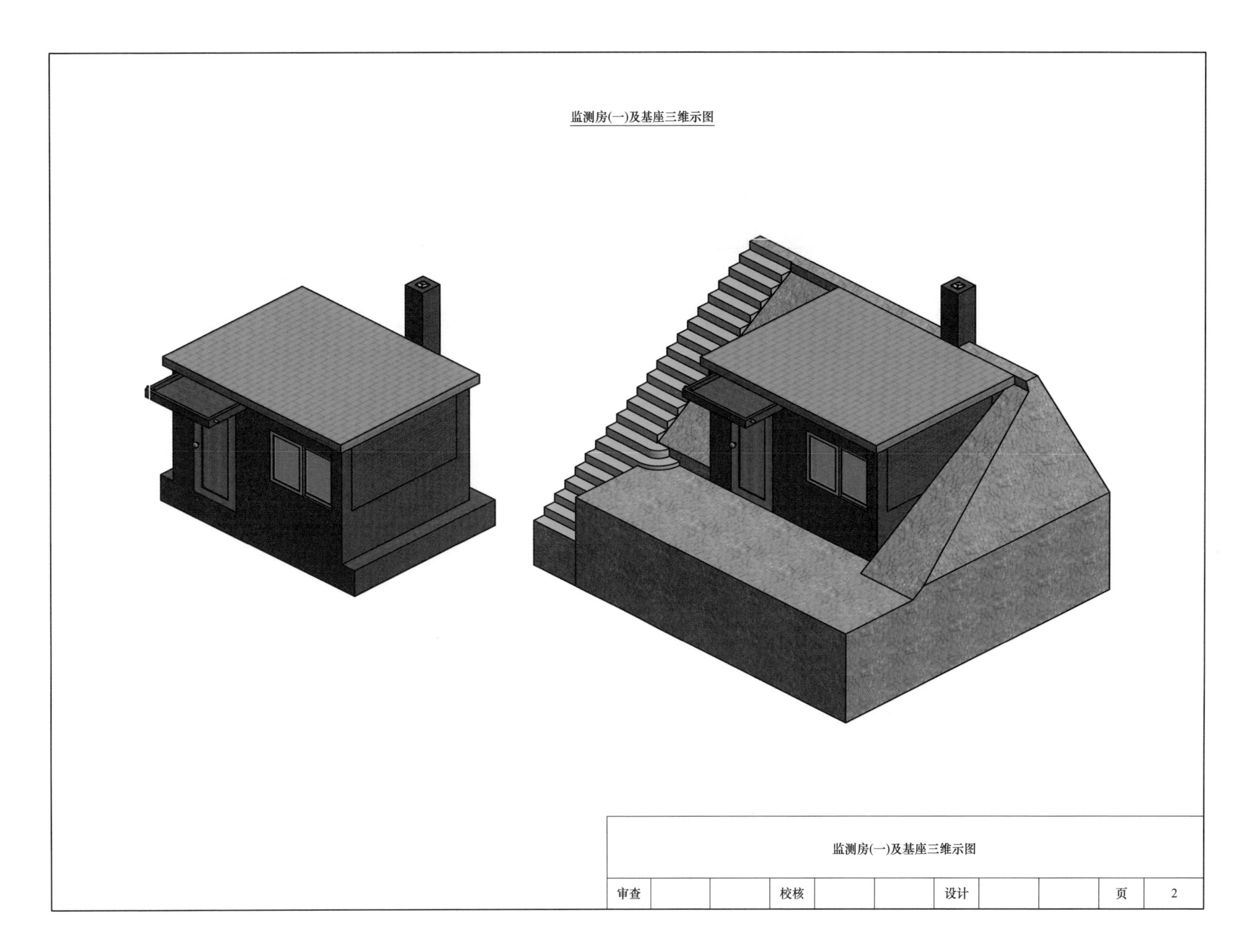
监测房(一)及基座三维示图
监测房(一)及基座三维示图
审查
校核
设计
页
2

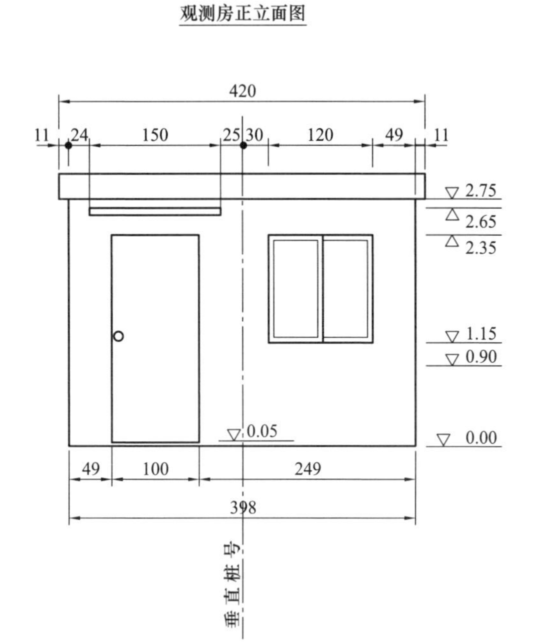

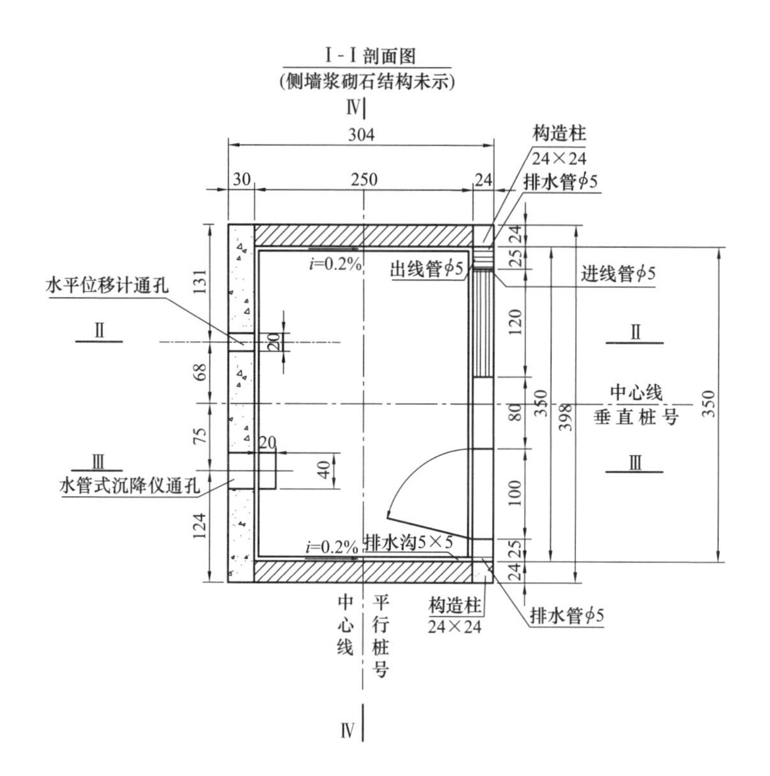

说明：

1.图中尺寸单位:高程以m计，其余以cm计,高程采用相对标高,观测房内地板为0.00m,平行桩号指平行坝轴线的桩号，垂直桩号指垂直坝轴线的桩号。

2.观测房砖墙砌筑、基础及护墙浆砌石均采用M15水泥砂浆,基础底板下面铺10cm水泥砂浆；砌砖强度等级MU10；观测房混凝土：C25;观测房采用铝合金门窗。

3.观测房屋面、外墙及钢筋混凝土基础底面进行防水处理：观测房屋面防水做法选用《平屋面建筑构造》(12J201(A1)A1)，屋面檐口做法见12J201(a/A11)，监测房顶观测墩防水做法见12J201(1/A13)；观测房外墙及钢筋混凝土基础底面防水层采用聚合物水泥防水砂浆，增设耐碱玻璃纤维网格布作增强处理，在观测房窗口上、下沿高度设置水平周边防水层分隔缝，缝宽9mm，缝内采用密封材料做密封处理，外墙防水层与基础防水层搭接，门窗框与墙体间缝隙防水做法见《建筑外墙防水工程技术规程》(JGJ/T 235—2011)节点构造防水设计5.3.1。

4.根据工程需要在屋面和外墙可设置保温层：设置保温层屋面防水做法选用《平屋面建筑构造》(12J201(A3))，屋面檐口做法见12J201(c/A11)，观测房顶观测墩泛水做法见12J201(5/A13)；外墙防水做法见《建筑外墙防水工程技术规程》(JGJ/T 235—2011)整体防水层设计5.2.2。

5.排水管和进线管使用镀锌钢管,排水管均伸出结构面以外5cm。

6.建筑装修:观测房屋内地板在观测仪器安装固定后，贴地板瓷砖(40×40cm)；内墙墙面刮腻子找平，喷白色乳胶漆三道；坝面以外裸露部分外墙刷白色外墙涂料。

监测房(一)及基座典型断面图									
审查			校核			设计		页	3

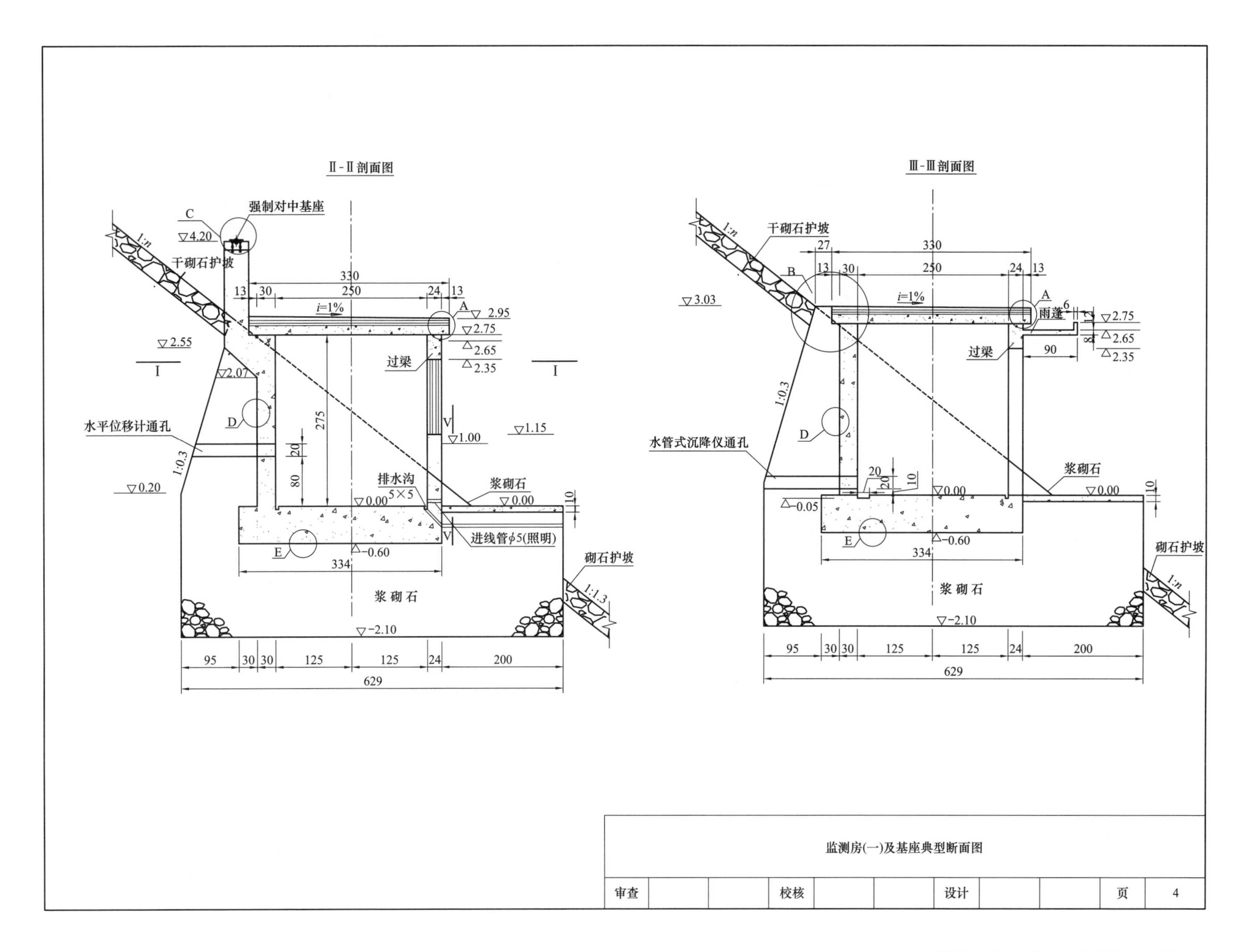
Ⅱ-Ⅱ剖面图
Ⅲ-Ⅲ剖面图
强制对中基座
干砌石护坡
水平位移计通孔
水管式沉降仪通孔
过梁
雨蓬
排水沟
5×5
浆砌石
进线管ϕ5(照明)
砌石护坡
浆 砌 石
监测房(一)及基座典型断面图
审查
校核
设计
页
4

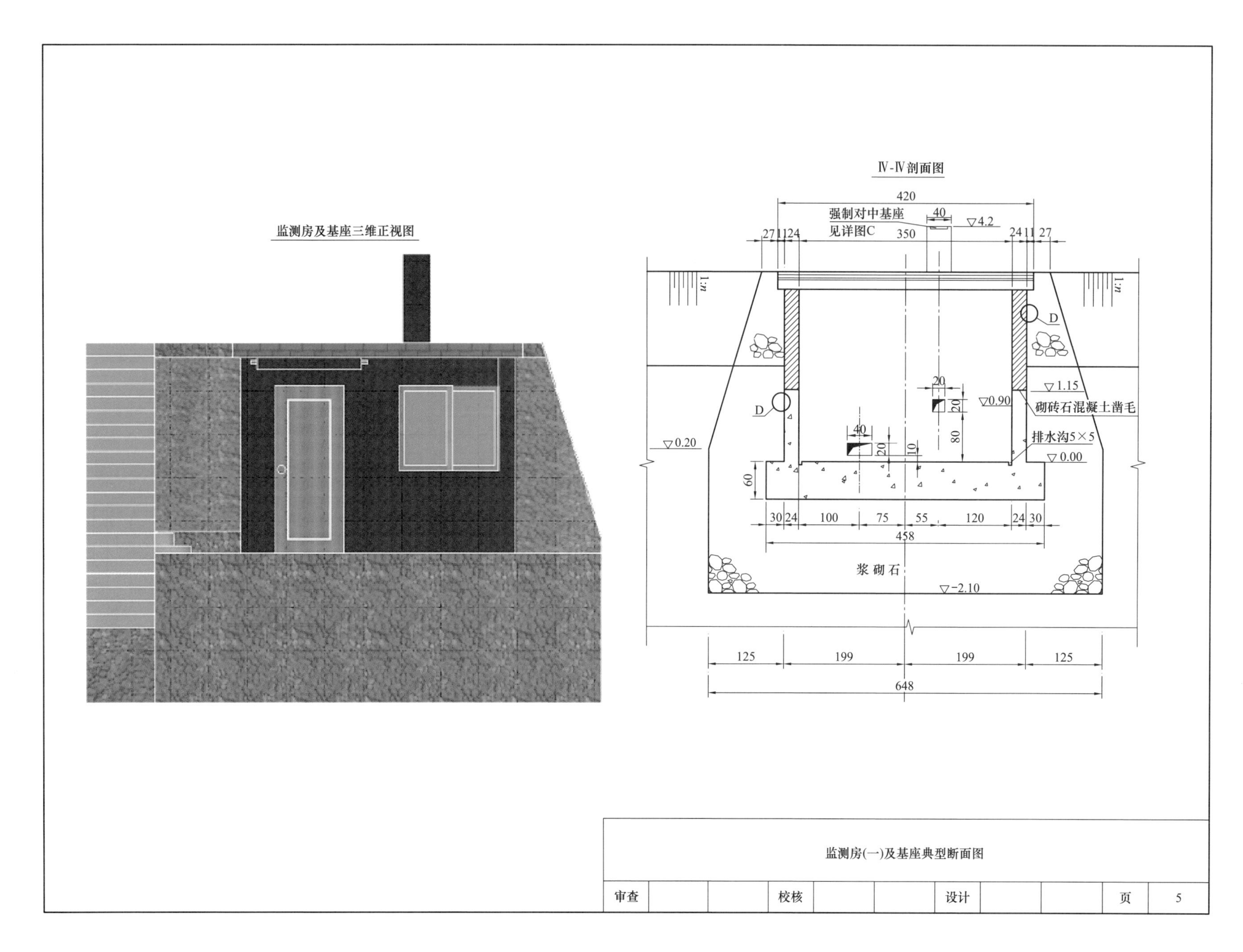

监测房(一)及基座典型断面图									
审查			校核			设计		页	5

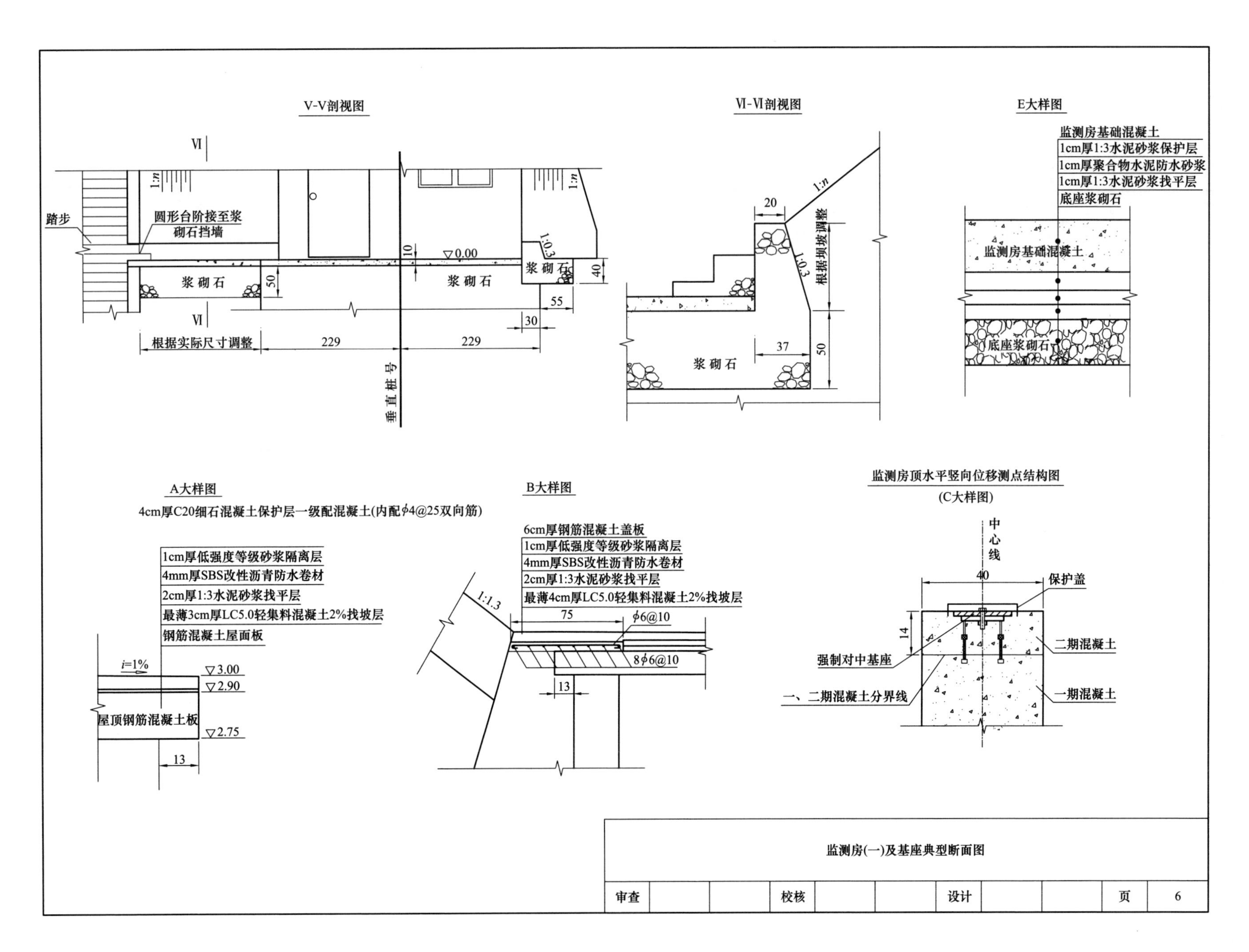

监测房(一)及基座典型断面图

审查			校核			设计			页	6

雨蓬顶面大样图

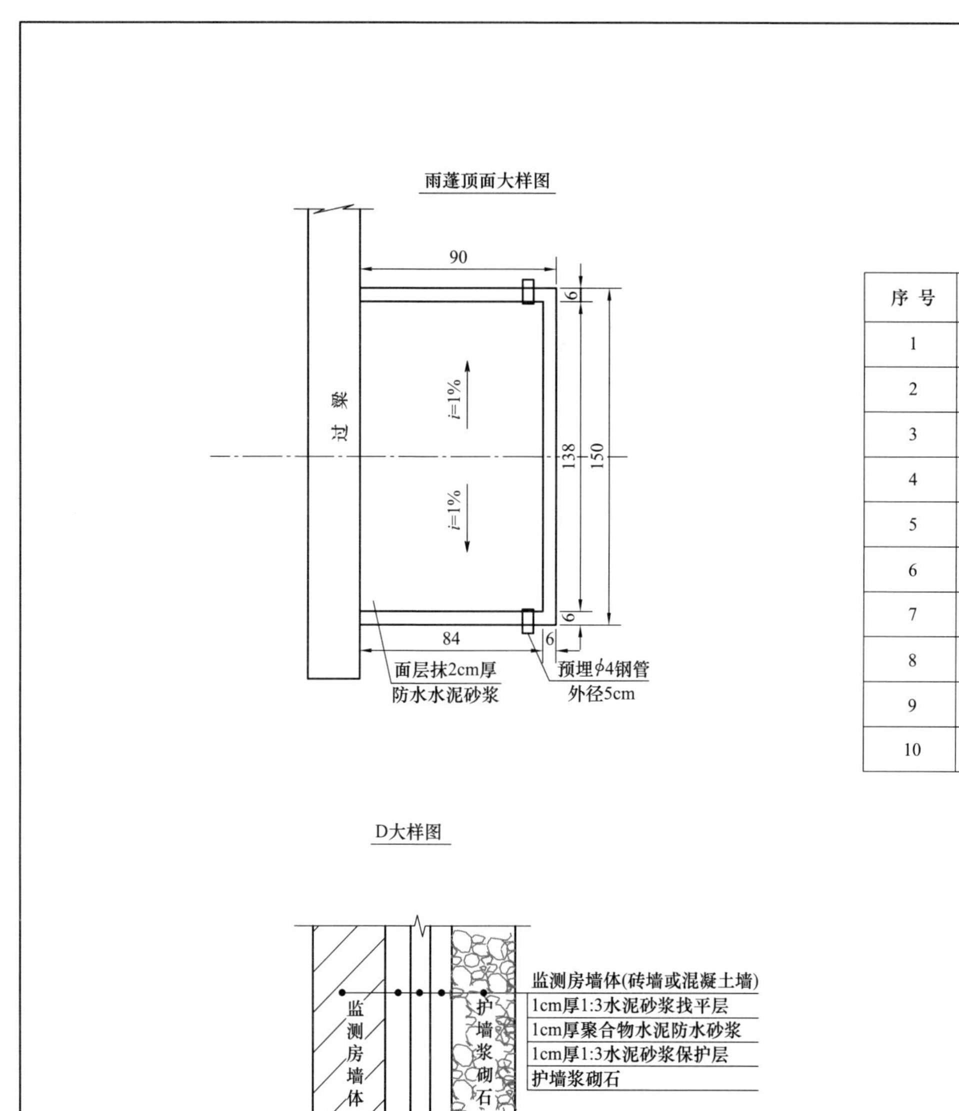

1个监测房主要工程量

序 号	材 料	工程量	备注
1	浆砌块石	92m^3	
2	混凝土（C25)	17m^3	
3	砌砖	4m^3	
4	钢筋	740kg	
5	排水管和进线管ϕ5cm(镀锌钢管)	5.0m	
6	强制对中基座	1个	
7	门	1副	
8	窗	1副	
9	接地镀锌扁钢4×40mm	18m	
10	DN50钢管	120kg	栏杆

D大样图

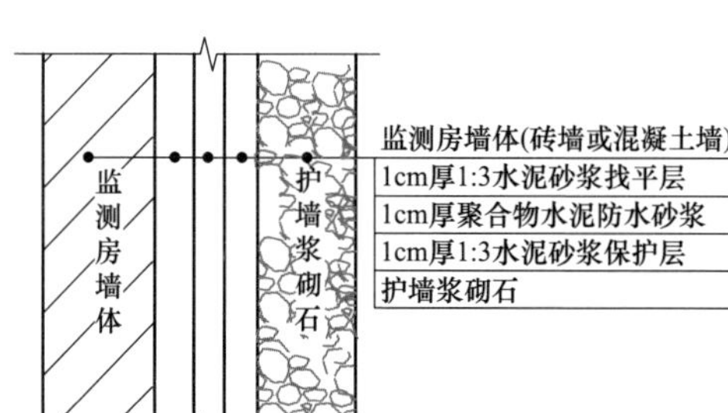

监测房(一)及基座典型断面图									
审查			校核			设计		页	7

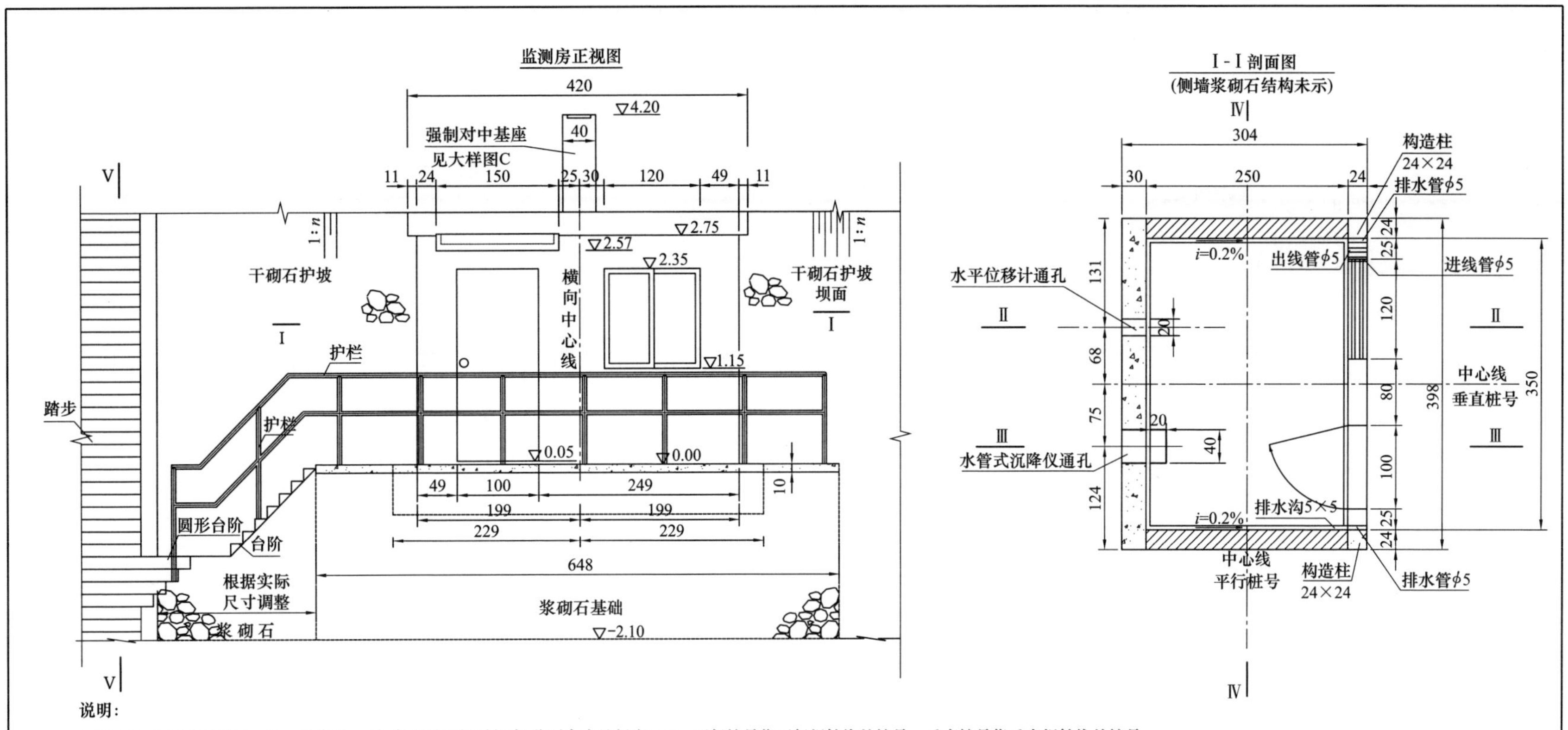

说明：

1. 图中尺寸单位:高程以m计，其余以cm计,高程采用相对标高,监测房内地板为0.00m,平行桩号指平行坝轴线的桩号，垂直桩号指垂直坝轴线的桩号。
2. 监测房砖墙砌筑、基础及护墙浆砌石均采用M15水泥砂浆,基础底板下面铺10cm水泥砂浆；砌砖强度等级MU10；监测房混凝土：C25;监测房采用铝合金门窗。
3. 监测房屋面、外墙及钢筋混凝土基础底面进行防水处理：监测房屋面防水做法选用《平屋面建筑构造》(12J201 A1)，屋面檐口做法见12J201，监测房顶观测墩防水做法见12J201
   监测房外墙及钢筋混凝土基础底面防水层采用聚合物水泥防水砂浆，增设耐碱玻璃纤维网格布作增强处理，在监测房窗口上、下沿高度设置水平周边防水层分隔缝，缝宽9mm，缝内采用密封材料做密封处理，外墙防水层与基础防水层搭接，门窗框与墙体间缝隙防水做法见《建筑外墙防水工程技术规程》(JGJ/T 235—2011) 节点构造防水设计5.3.1。
4. 根据工程需要在屋面和外墙可设置保温层：设置保温层屋面防水做法选用《平屋面建筑构造》(12J201 A3)，屋面檐口做法见12J201，监测房顶观测墩泛水做法见12J201；外墙防水做法见《建筑外墙防水工程技术规程》(JGJ/T 235—2011)整体防水层设计5.2.2。
5. 排水管和进线管使用镀锌钢管,排水管均伸出结构面以外5cm。
6. 建筑装修:监测房屋内地板在监测仪器安装固定后，贴地板瓷砖(40×40cm)；内墙墙面刮腻子找平，喷白色乳胶漆三道；坝面以外裸露部分外墙刷白色外墙涂料。

监测房(二)及基座典型断面图									
审查			校核			设计		页	8

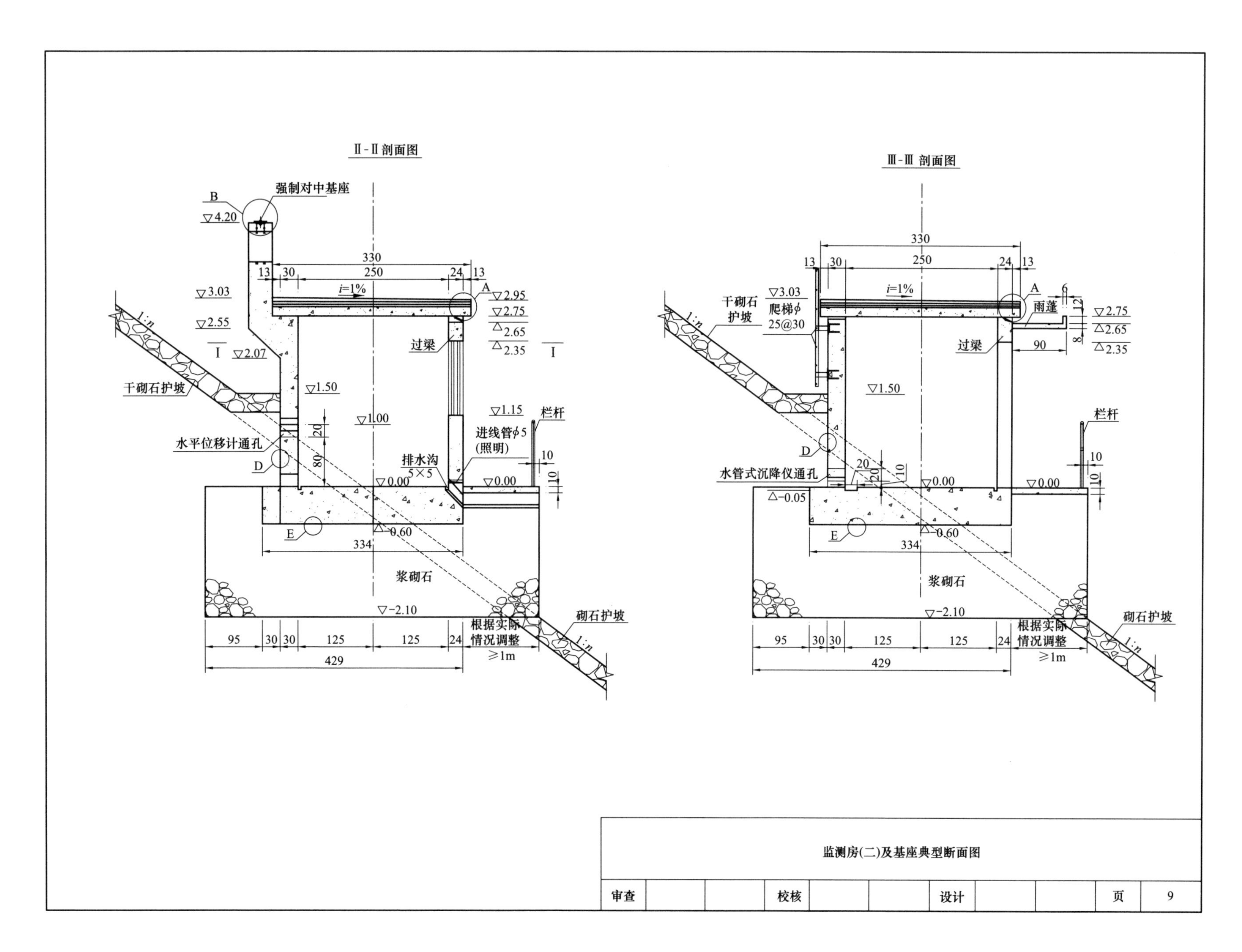
Ⅱ-Ⅱ剖面图
强制对中基座
B
▽4.20
330
13 30 250 24 13
i=1%
A
▽3.03
▽2.95
▽2.75
▽2.55
△2.65
△2.35
Ⅰ
▽2.07
Ⅰ
过梁
干砌石护坡
▽1.50
▽1.00
▽1.15
栏杆
进线管φ5
(照明)
水平位移计通孔
排水沟
5×5
D
▽0.00
▽0.00
E
△-0.60
334
浆砌石
▽-2.10
砌石护坡
95 30 30 125 125 24
根据实际
情况调整
429
≥1m
1∶n
Ⅲ-Ⅲ 剖面图
330
13 30 250 24 13
i=1%
A
▽3.03
爬梯φ
25@30
干砌石
护坡
雨蓬
▽2.75
△2.65
△2.35
过梁
90
▽1.50
栏杆
D
水管式沉降仪通孔
▽0.00
▽0.00
△-0.05
E
△-0.60
334
浆砌石
▽-2.10
砌石护坡
95 30 30 125 125 24
根据实际
情况调整
429
≥1m
1∶n
监测房(二)及基座典型断面图
审查
校核
设计
页
9

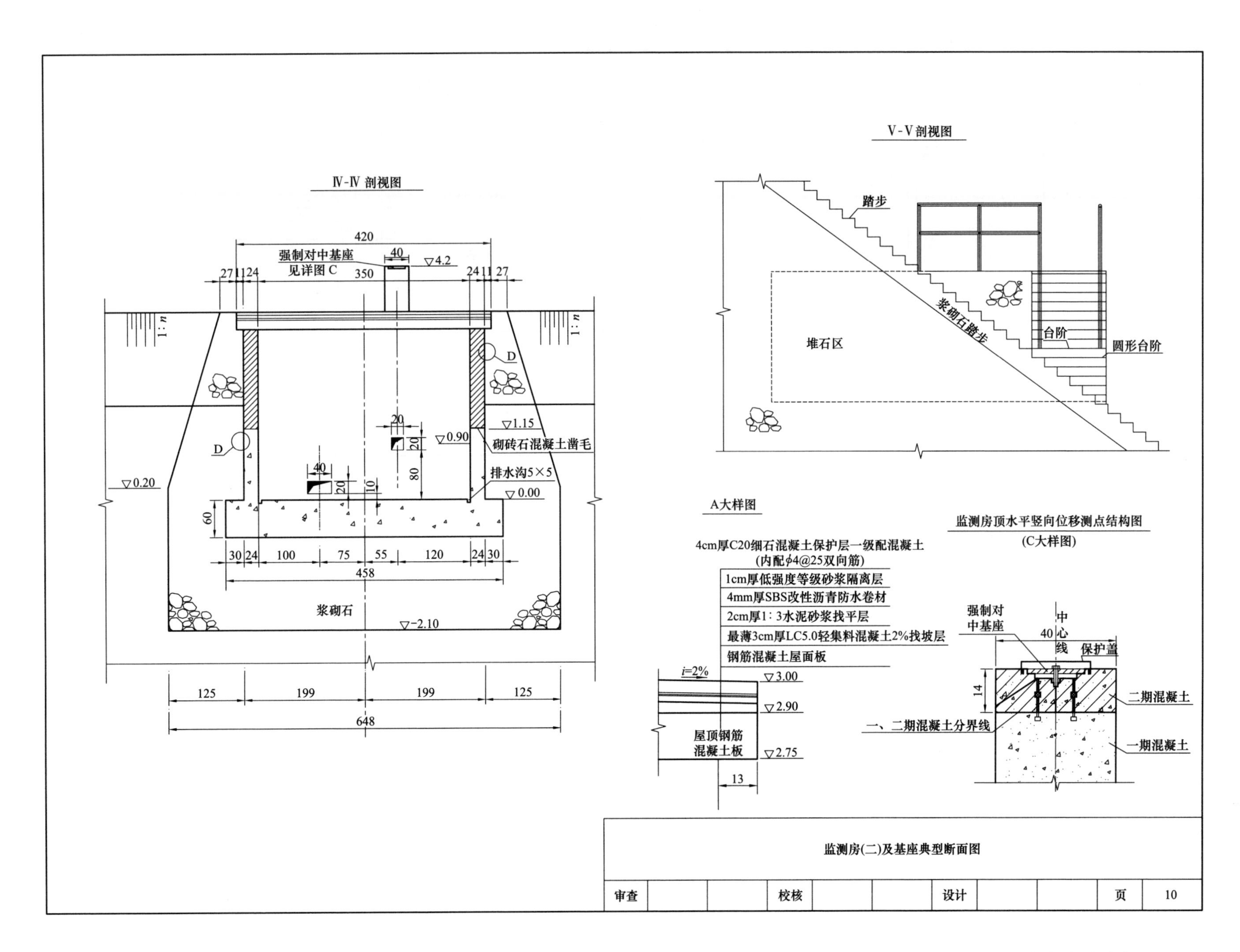
Ⅳ-Ⅳ 剖视图
420
强制对中基座
见详图 C
40
▽4.2
350
27 11 24
24 11 27
1 : n
D
▽1.15
▽0.90
砌砖石混凝土凿毛
排水沟5×5
▽0.20
▽0.00
60
30 24 100 75 55 120 24 30
458
浆砌石
▽−2.10
125 199 199 125
648
Ⅴ-Ⅴ 剖视图
踏步
浆砌石踏步
堆石区
台阶
圆形台阶
A大样图
4cm厚C20细石混凝土保护层一级配混凝土
(内配ϕ4@25双向筋)
1cm厚低强度等级砂浆隔离层
4mm厚SBS改性沥青防水卷材
2cm厚1∶3水泥砂浆找平层
最薄3cm厚LC5.0轻集料混凝土2%找坡层
钢筋混凝土屋面板
i=2%
▽3.00
▽2.90
屋顶钢筋
混凝土板
▽2.75
13
监测房顶水平竖向位移测点结构图
(C大样图)
强制对
中基座
中
心
线
保护盖
40
14
二期混凝土
一、二期混凝土分界线
一期混凝土
监测房(二)及基座典型断面图
审查
校核
设计
页
10

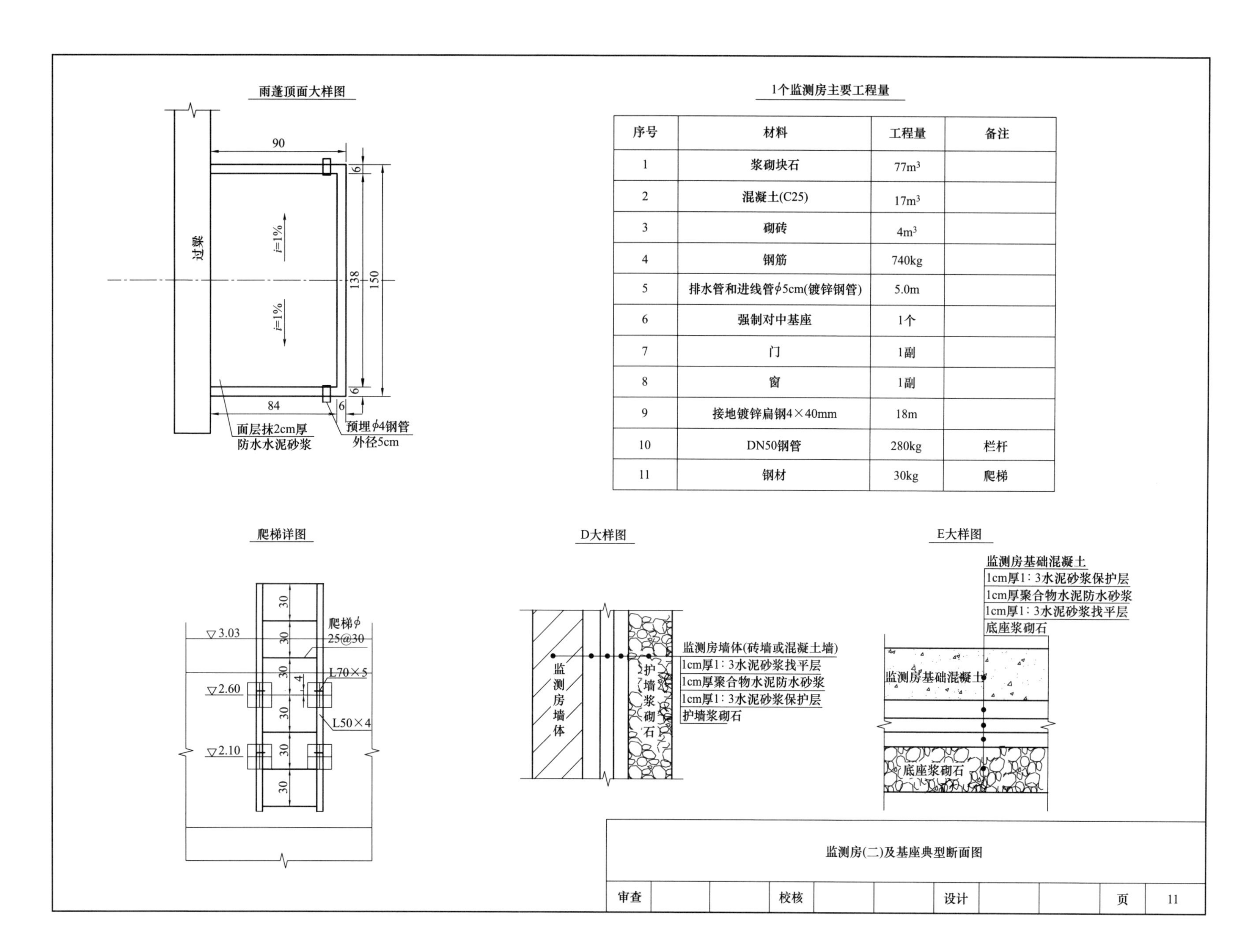

1个监测房主要工程量

序号	材料	工程量	备注
1	浆砌块石	77m^3	
2	混凝土(C25)	17m^3	
3	砌砖	4m^3	
4	钢筋	740kg	
5	排水管和进线管ϕ5cm(镀锌钢管)	5.0m	
6	强制对中基座	1个	
7	门	1副	
8	窗	1副	
9	接地镀锌扁钢4×40mm	18m	
10	DN50钢管	280kg	栏杆
11	钢材	30kg	爬梯

附录13 大坝下游坡脚防护通用设计

1. 编制依据

国家电网品牌标识推广应用手册(第三版)

DL/T 5395—2007 《碾压式土石坝设计规范》

DL/T 5057—2009 《水工混凝土结构设计规范》

《水力计算手册》(武汉大学水利水电学院水力学流体力学教研室，2006版)

《抽水蓄能电站工程边坡地质隐患与排水系统设计相关问题研讨会》会议纪要(2016.7.21)

2. 适用范围

2.1 抽水蓄能电站大坝下游坡脚防护设计。

3. 设计要点

3.1 本图册大坝下游坡脚防护设计分坡脚排水沟和排水棱体(滤水坝趾)两种型式。

3.2 本图册中未注明尺寸单位均为厘米(cm)。

3.3 棱体排水设计。

3.3.1 顶部高程应超出下游最高水位，超过的高度，1级、2级坝不应小于1.0m，3级、4级和5级坝不应小于0.5m，并应超过波浪沿坡面的爬高。

3.3.2 顶部高程应使坝体浸润线距坝面的距离大于该地区的冻结深度。

3.3.3 顶部宽度应根据施工条件及检查监测需要确定，其最小宽度不宜小于1.0m。

3.3.4 应避免在棱体上游坡脚处出现锐角。

3.3.5 棱体排水一般不作道路用，以免排水堵塞。

3.3.6 棱体内坡根据施工条件确定，约为1∶1.0~1∶1.5。外坡一般为1∶1.5~1∶2.0。

3.3.7 在排水与坝体及坝基之间应设反滤层。

3.4 贴坡排水沟设计。

3.4.1 顶部高程应高于坝体浸润线逸出点，超过的高度应使坝体浸润线在该地区的冻结深度以下，且1级、2级坝不宜小于2.0m，3级、4级和5级坝不宜小于1.5m，并应超过波浪沿坡面的爬高。

3.4.2 贴坡式排水层的底脚处应设置排水沟，其深度应使水面结冰后，排水沟的下部仍有足够的下部仍有足够的排水断面。

3.4.3 材料应满足防浪护坡的要求。

3.5 大坝下游坡脚防护多采用排水沟，以减小地表径流对坝体影响。

4. 材料选用

4.1 混凝土：排水沟混凝土强度等级C25W6，抗冻标号根据工程选定。

4.2 钢筋：采用HPB300级或HRB400级钢筋。

4.3 排水棱体：块石、碎石及砂料。

5. 施工要求

5.1 排水棱体。

5.1.1 反滤层采用人工铺筑，铺筑层次清楚，并按设计要求分层，每层厚度的误差控制在设计厚度的15%以内，人工分层铺设。反滤料及反滤层的施工必须符合设计要求。

5.1.2 排水棱体堆石填筑：堆石分层进行，每层厚度40cm左右，并使其稳定密实，堆石的上下层面犬牙交错，不得有水平通缝，相邻两段堆石的接缝，逐层错缝，以免垂直相接。

5.1.3 棱体砌石施工：砌石应垫稳填实，与周边砌石靠紧，不使用有夹角或薄边的石料砌筑，石料最小边尺寸不宜小于20cm，严禁出现通缝，叠砌和浮塞现象。

5.1.4 相应孔隙率不大于23%，渗透系数k≥10cm/s。

5.2 坝脚排水沟施工要求详见“地表工程排水沟(截水沟)断面通用设计”部分。

大坝下游坡脚防护设计总说明									
审查			校核			设计		页	1

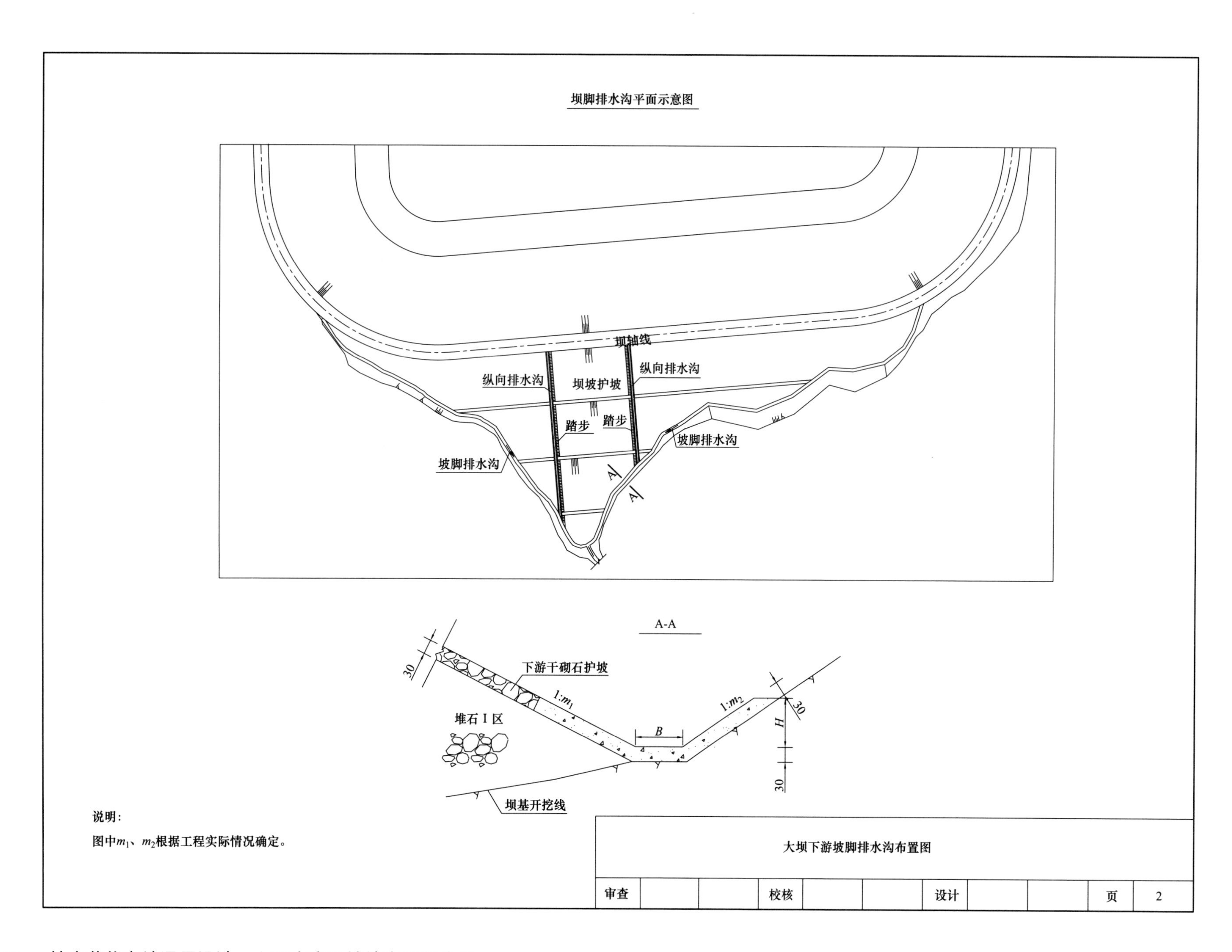

坝脚排水沟平面示意图
坝轴线
纵向排水沟
坝坡护坡
纵向排水沟
踏步
踏步
坡脚排水沟
坡脚排水沟
A
A
A-A
30
下游干砌石护坡
1:m_1
1:m_2
堆石Ⅰ区
B
H
30
30
坝基开挖线
说明：
图中m_1、m_2根据工程实际情况确定。
大坝下游坡脚排水沟布置图
审查
校核
设计
页
2

典型排水沟（截水沟）断面图

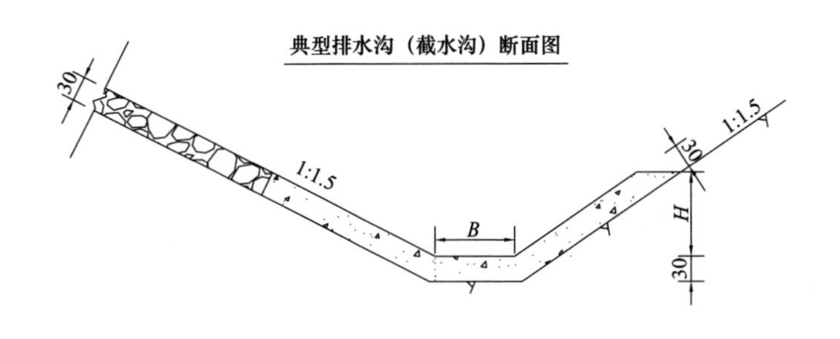

排水沟设计流量表（m^3/s）

沟宽B (cm)	过水水深h_1 (cm)	沟高H (cm)	边墙厚a (cm)	底板厚T (cm)	截水沟坡度							
					10.0%	20.0%	25.0%	30.0%	35.0%	40.0%	45.0%	50.0%
40	20	30	30	30	0.651	0.920	1.029	1.127	1.217	1.301	1.380	1.455
	30	40	30	30	1.468	2.076	2.321	2.542	2.746	2.935	3.113	3.282
	40	50	30	30	2.688	3.801	4.250	4.656	5.029	5.376	5.702	6.010
60	40	50	30	30	3.401	4.809	5.377	5.890	6.362	6.801	7.214	7.604
	50	60	30	30	5.386	7.617	8.516	9.328	10.076	10.772	11.425	12.043
	60	70	30	30	7.925	11.208	12.531	13.727	14.826	15.850	16.811	17.721
80	60	70	30	30	9.319	13.179	14.734	16.141	17.434	18.638	19.768	20.838
	70	80	30	30	12.850	18.173	20.318	22.257	24.040	25.700	27.259	28.733
	80	90	30	30	17.068	24.137	26.986	29.562	31.930	34.135	36.206	38.164
100	80	90	30	30	19.313	27.313	30.537	33.451	36.132	38.626	40.969	43.186
	90	100	30	30	24.726	34.968	39.095	42.826	46.258	49.452	52.451	55.289
	100	110	30	30	30.945	43.763	48.929	53.599	57.894	61.891	65.645	69.196

说明：

图中m_1、m_2均假定为1.5。

大坝下游坡脚排水沟断面选用表									
审查			校核			设计			页	3

典型排水沟钢筋图

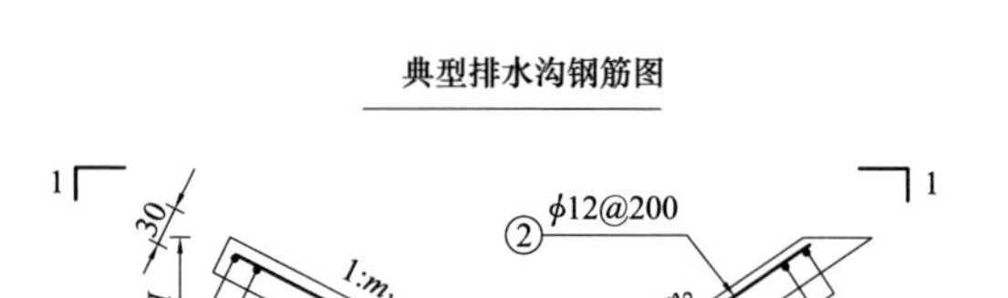

1-1

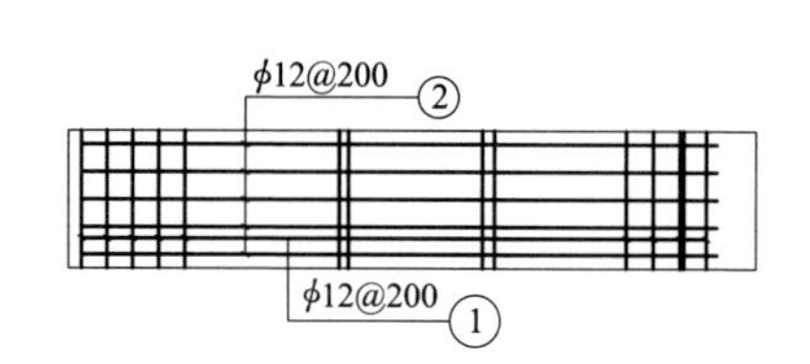

排水沟钢筋材料表

钢 筋 材 料 表								
编号	直径d(mm)	型式(cm)	单根长(cm)	根数(根)	总长(m)	单位重(kg/m)	总重(kg)	备注
①	ϕ12	$(H^2+m_1^2H^2)^{\frac{1}{2}}$ B $(H^2+m_2^2H^2)^{\frac{1}{2}}$	$B+(H^2+m_1^2H^2)^{\frac{1}{2}}+(H^2+m_2^2H^2)^{\frac{1}{2}}+2\times6.25d$	5	$[B+(H^2+m_1^2H^2)^{\frac{1}{2}}+(H^2+m_2^2H^2)^{\frac{1}{2}}+2\times6.25d]\times5/100$	0.888	$0.888\times[B+(H^2+m_1^2H^2)^{\frac{1}{2}}+(H^2+m_2^2H^2)^{\frac{1}{2}}+2\times6.25d]\times5/100$	本工程量表为1m长标准段工程量
②	ϕ12	100	100	$\mathrm{Int}[B+(H^2+m_1{}^2H^2)^{\frac{1}{2}}+(H^2+m_2{}^2H^2)^{\frac{1}{2}}]/20$	$\mathrm{Int}[B+(H^2+m_1^2H^2)^{\frac{1}{2}}+(H^2+m_2^2H^2)^{\frac{1}{2}}]/20$		$0.888\times\mathrm{Int}[B+(H^2+m_1^2H^2)^{\frac{1}{2}}+(H^2+m_2^2H^2)^{\frac{1}{2}}]/20$	

说明：

混凝土保护层为3cm。

大坝下游坡脚排水沟钢筋图									
审查			校核			设计			页	4

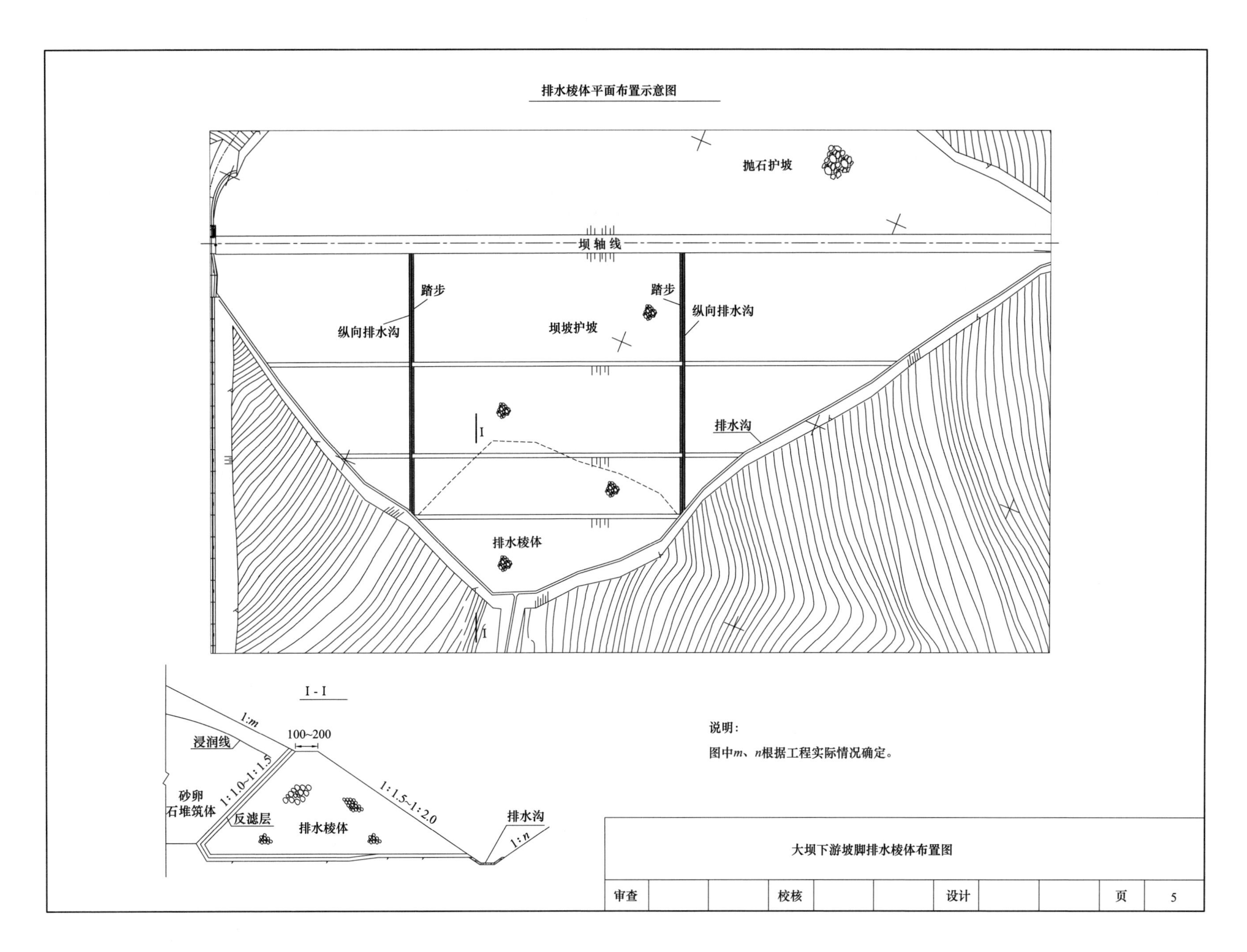
排水棱体平面布置示意图
抛石护坡
坝轴线
踏步
踏步
纵向排水沟
坝坡护坡
纵向排水沟
排水沟
I
排水棱体
I
I - I
1:m
100~200
浸润线
1:1.0~1:1.5
1:1.5~1:2.0
砂卵
石堆筑体
反滤层
排水棱体
排水沟
1:n
说明：
图中m、n根据工程实际情况确定。
大坝下游坡脚排水棱体布置图
审查
校核
设计
页
5

附录14　渣场坡脚防护设计总说明

1. 编制依据

GB 51018—2014　水土保持工程设计规范

DL/T 5353—2006　水电水利工程边坡设计规范

DL/T 5419—2009　水电建设项目水土保持方案技术规范

SL 379—2007　水工挡土墙设计规范

2. 适用范围

2.1 本图册适用于抽水蓄能电站工程原地形是斜坡面或在坡顶位置弃渣的渣场坡脚防护设计。

2.2 本图册挡渣墙断面尺寸适用于高度H≤12m的挡渣墙，高度超过12m需另行设计。

3. 设计要点

3.1 挡渣墙、排洪工程建筑物级别应根据渣场级别确定。

3.2 弃渣场永久性截排水措施的排水设计标准采用3年一遇~5年一遇5~10min短历时设计暴雨。

3.3 地面以上1m处设第一道排水孔，间隔2m设第二道排水孔，排水孔尺寸为10cm×10cm，孔眼间距为2m，梅花形布置，排水孔外倾坡度3%。

3.4非岩石地基，宜每隔10~15m设置一道沉降伸缩缝；对于岩石地基，其沉降伸缩缝可适当增大沉降伸缩缝宜用沥青麻筋或沥青面板填塞。

3.5 挡渣墙的纵向基底宜做成不大于5%的纵坡，若大于5%应在纵向挖成台阶。

3.6 挡渣墙断面尺寸应通过抗滑稳定、抗倾覆稳定和基底应力计算等确定，并符合相关规范。

3.7 马道排水沟、纵向排水沟、周边截水沟断面尺寸应根据相应洪水级别对应的洪水资料确定。

3.8 马道排水沟、纵向排水沟、截水沟基础部位应碾压密实，压实度应大于95%。

3.9 排水沟、截水沟设计详见“地表工程排水沟(截水沟)断面通用设计”部分。

3.10 本图册中未注明尺寸单位均为cm。

4. 材料选用

4.1 混凝土不宜低于C25，抗冻等级根据工程确定。若工程本身开挖石料材质较好、开挖量大，在南方无冰冻地区3m以下挡渣墙可考虑采用浆砌石结构。

4.2 挡渣墙排水管采用ϕ50mmPVC排水管。

5. 施工要求

5.1 施工前应做好地面排水工作，挡渣墙宜在枯水季节施工。

5.2 基坑开挖后，若发现地基与设计情况有出入，应按实际情况进行调整设计。

5.3 墙趾部分的基坑，在基础施工完后应及时回填夯实，并做成外倾斜坡，以免积水，影响墙身稳定。

5.4 墙体应达到设计强度的75%以上，方可回填墙后填料。

5.5 墙后回填必须均匀摊铺平整，并设不小于3%的横坡，以利于排水。

5.6 墙背1m范围内，不得有大型机械行使或作业，防止碰坏墙体，分层厚度不超过0.2m。

5.7 墙后地面横坡陡于1:5时，应先处理填方基底(如铲除草坡、开挖台阶等)再填土，以免填方顺原地面滑动。

5.8 地震地区的挡渣墙，为减少地震力的作用，施工前必须疏干墙后填料。

渣场坡脚防护设计总说明									
审查			校核			设计		页	1

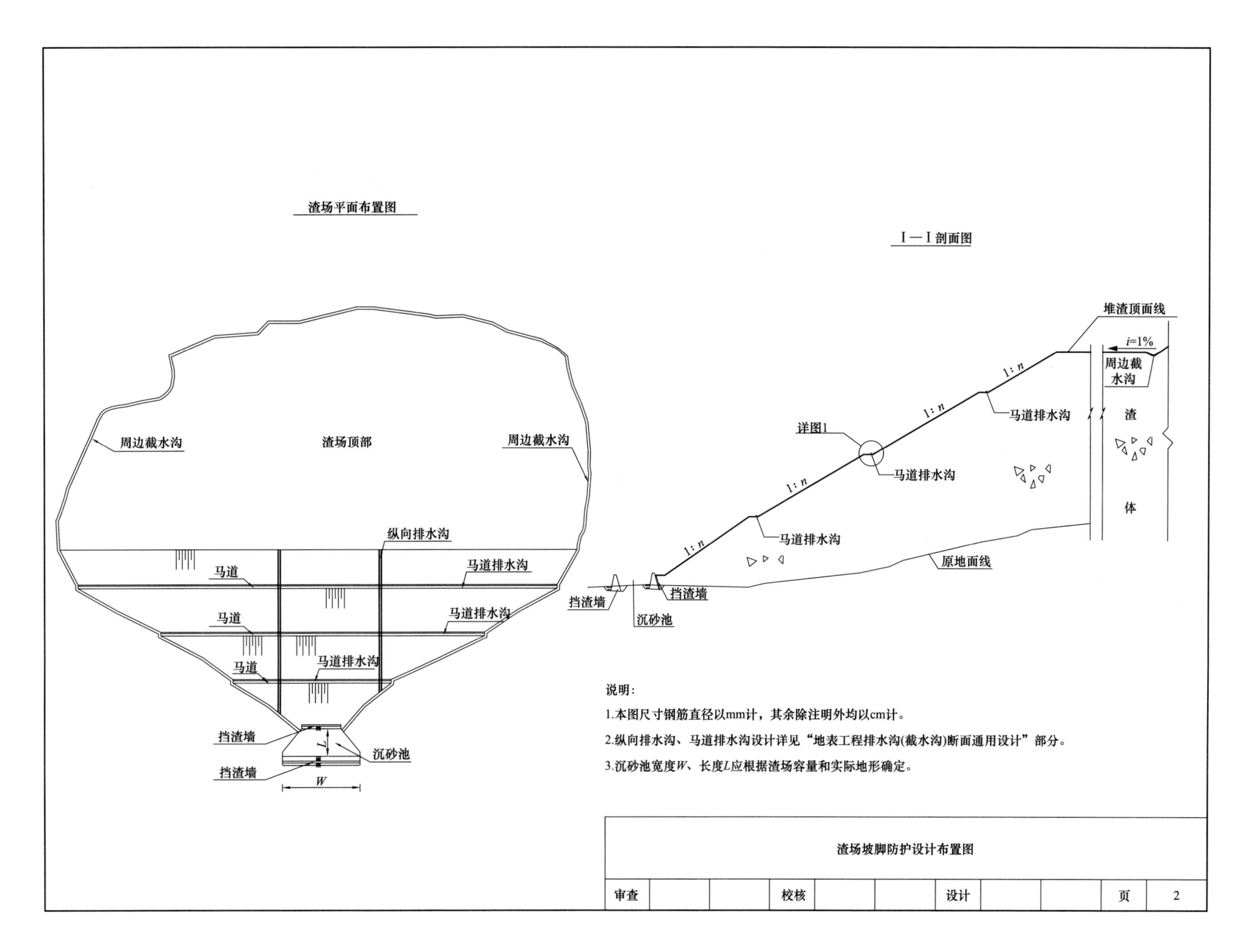
渣场平面布置图
周边截水沟
渣场顶部
周边截水沟
纵向排水沟
马道
马道排水沟
马道
马道排水沟
马道
马道排水沟
挡渣墙
L
沉砂池
挡渣墙
W
I—I剖面图
堆渣顶面线
i=1%
周边截
水沟
1∶n
马道排水沟
1∶n
详图1
马道排水沟
1∶n
马道排水沟
1∶n
渣
体
原地面线
挡渣墙
挡渣墙
沉砂池
说明：
1.本图尺寸钢筋直径以mm计，其余除注明外均以cm计。
2.纵向排水沟、马道排水沟设计详见“地表工程排水沟(截水沟)断面通用设计”部分。
3.沉砂池宽度W、长度L应根据渣场容量和实际地形确定。
渣场坡脚防护设计布置图
审查
校核
设计
页
2

挡渣墙及沉沙池布置图

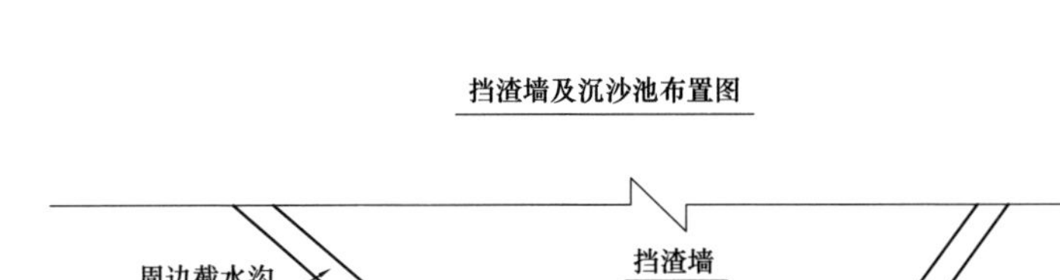

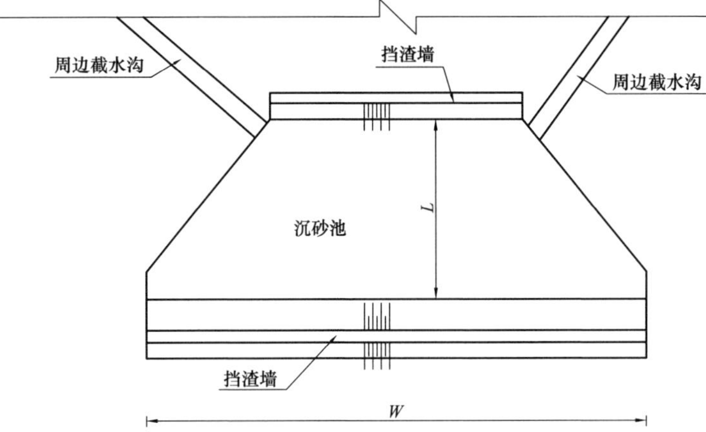

挡渣墙典型横断面

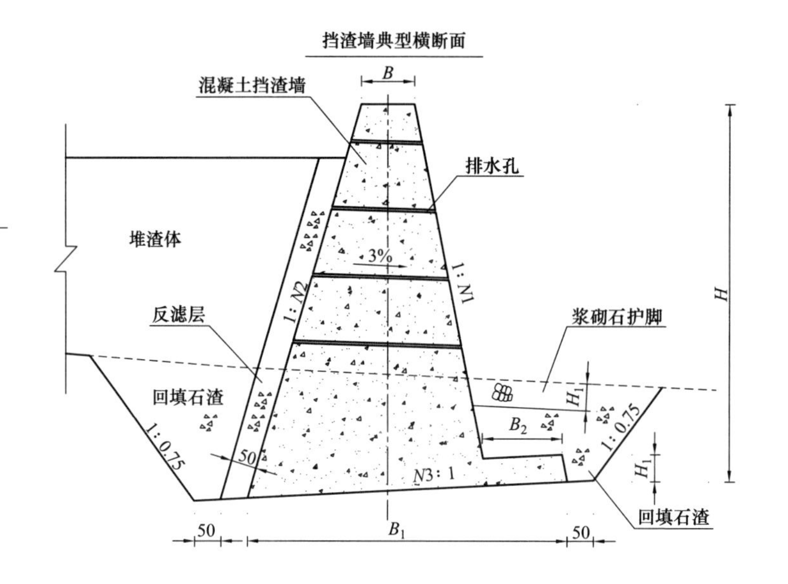

挡渣墙典型横断面参数表

序号	墙顶宽 B(cm)	墙高H(m)	面坡N_1	背坡N_2	底坡N_3	墙底宽 B_1(cm)	坡脚支撑宽 B_2(cm)	护脚高 H_1(cm)
1	100	1.0	0.20	0.20	0.05	141.4	100	50
2	100	2.0	0.20	0.20	0.05	181.8	100	50
3	100	3.0	0.20	0.20	0.05	222.2	100	50
4	100	4.0	0.20	0.20	0.05	262.6	100	50
5	100	5.0	0.20	0.30	0.05	355.3	100	50
6	100	6.0	0.20	0.30	0.05	406.1	100	50
7	100	7.0	0.25	0.30	0.05	644.7	150	50
8	100	8.0	0.25	0.30	0.05	700.5	150	50
9	100	9.0	0.25	0.30	0.05	756.3	150	50
10	100	10.0	0.25	0.30	0.05	812.2	150	50
11	100	11.0	0.25	0.30	0.05	868.0	150	50
12	100	12.0	0.25	0.30	0.05	923.9	150	50

说明:

1.本图尺寸钢筋直径以mm计，其余除注明外均以cm计。

2.挡渣墙推荐采用混凝土结构，若工程本身开挖石料材质较好、开挖量大，在南方无冰冻地区3m以下挡渣墙可考虑采用浆砌石结构。

3.排水沟、截水沟设计详见“地表工程排水沟(截水沟)断面通用设计”部分。

4.挡渣墙每10m设置一道沉降缝，缝宽2cm，缝内填充闭孔泡沫板。

5.沉砂池宽度W、长度L应根据渣场容量和实际地形确定。

6.沉砂池后挡渣墙不设反滤层。

挡渣墙布置图、典型断面图									
审查			校核			设计		页	3

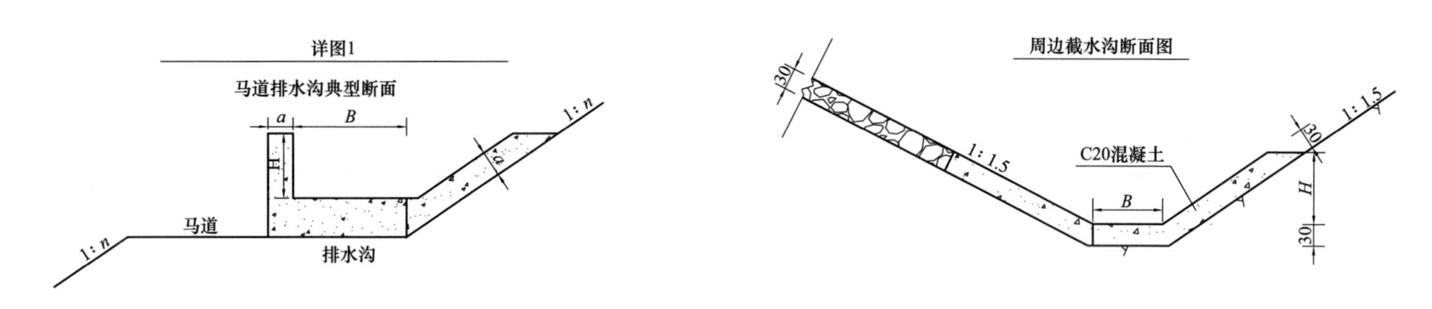

截水沟设计流量表(m^3/s)

沟宽B (cm)	过水水深 h_1(cm)	沟高H (cm)	边墙厚a (cm)	底板厚T (cm)	截水沟坡度												
					0.5%	2.0%	4.0%	6.0%	8.0%	10.0%	20.0%	25.0%	30.0%	35.0%	40.0%	45.0%	50.0%
40	20	30	30	30	0.145	0.291	0.411	0.504	0.582	0.651	0.920	1.029	1.127	1.217	1.301	1.380	1.455
	30	40	30	30	0.328	0.656	0.928	1.137	1.313	1.468	2.076	2.321	2.542	2.746	2.935	3.113	3.282
	40	50	30	30	0.601	1.202	1.700	2.082	2.404	2.688	3.801	4.250	4.656	5.029	5.376	5.702	6.010
60	40	50	30	30	0.760	1.521	2.151	2.634	3.042	3.401	4.809	5.377	5.890	6.362	6.801	7.214	7.604
	50	60	30	30	1.204	2.409	3.406	4.172	4.817	5.386	7.617	8.516	9.328	10.076	10.772	11.425	12.043
	60	70	30	30	1.772	3.544	5.012	6.139	7.088	7.925	11.208	12.531	13.727	14.826	15.850	16.811	17.721
80	60	70	30	30	2.084	4.168	5.894	7.218	8.335	9.319	13.179	14.734	16.141	17.434	18.638	19.768	20.838
	70	80	30	30	2.873	5.747	8.127	9.954	11.493	12.850	18.173	20.318	22.257	24.040	25.700	27.259	28.733
	80	90	30	30	3.816	7.633	10.794	13.220	15.266	17.068	24.137	26.986	29.562	31.930	34.135	36.206	38.164
100	80	90	30	30	4.319	8.637	12.215	14.960	17.274	19.313	27.313	30.537	33.451	36.132	38.626	40.969	43.186
	90	100	30	30	5.529	11.058	15.638	19.153	22.115	24.726	34.968	39.095	42.826	46.258	49.452	52.451	55.289
	100	110	30	30	6.920	13.839	19.572	23.970	27.678	30.945	43.763	48.929	53.599	57.894	61.891	65.645	69.196

说明：
本图尺寸钢筋直径以mm计，其余除注明外均以cm计。

周边截水沟尺寸选用表											
审查			校核			设计			页	4	